ARITHMÉTIQUE

ET

SYSTÈME MÉTRIQUE

OUVRAGE RÉDIGÉ CONFORMÉMENT AU PROGRAMME MENSUEL
DES ÉCOLES COMMUNALES DE PARIS

PAR

A. DELAPIERRE

Ancien élève de l'École normale d'Auxerre, inspecteur en titre
de l'enseignement primaire.

I. — COURS ÉLÉMENTAIRE

Renfermant plus de **1,600** Problèmes et Exercices

LIVRE DE L'ÉLÈVE

PARIS

AUG. BOYER ET Cie, LIBRAIRES-ÉDITEURS

49, RUE SAINT-ANDRÉ-DES-ARTS, 49

1878

PRÉFACE

Ce livre a été composé exclusivement pour les élèves du cours élémentaire des écoles primaires. Tous nos efforts ont tendu à aplanir les difficultés du calcul, à en présenter les règles très-simplement, sans théorie aucune, de manière à les rendre accessibles aux plus jeunes intelligences. Aujourd'hui que l'enseignement primaire tend à se renouveler; que la routine disparaît peu à peu et fait place aux méthodes propres à développer les facultés intellectuelles de l'enfant; que les petites classes surtout sont le point de départ de ce rajeunissement heureux, le calcul apparaît comme l'un des moyens les plus propres à tenir en éveil l'esprit des élèves et à jeter parmi les bancs « cette animation, ce mouvement, cette vie » que l'on préconise à si juste titre.

En deux mots, voici notre but : familiariser les élèves avec les nombres en leur faisant compter les objets qu'ils ont sous les yeux, les choses dont ils entendent parler, qui touchent de plus près à leur existence; leur faire écrire ces nombres sur le papier, au tableau noir, en les décomposant dans tous les ordres, dans tous les sens; leur faire comprendre par des exemples familiers le but et les usages des opérations de l'arithmétique et les initier peu à peu à la pratique de chaque opération.

Pour arriver à ce résultat, deux sortes d'exercices sont nécessaires : les **exercices oraux** et les **exercices écrits**.

Nos *exercices oraux* comprennent : 1° des *questions* sur la leçon étudiée, questions dont l'avantage est de mettre fréquemment en rapport le maître et l'élève, et qui, dans une leçon faite avec chaleur, peuvent varier à l'infini selon l'inspiration du moment; 2° des *exercices d'ensemble*, qui sont à la mémoire ce que les questions sont à l'intelligence et à la sagacité de l'enfant.

Dans nos *exercices écrits*, l'élève applique les règles qu'il a apprises et répétées, ou qu'il a entendues de la bouche du maître.

Tout enseignement, pour être complet et fructueux, doit être *méthodique*; nous avons donc apporté le soin le plus scrupuleux à la **gradation des exercices**; de plus, chaque règle importante est suivie des deux genres d'exercices cités plus haut.

Ainsi conduits pas à pas, du connu à l'inconnu, les élèves avancent lentement, mais avec assurance, sur cette voie où un point d'appui succède à un autre, et ils peuvent arriver avec ensemble, de front, en quelque sorte, au but qu'il s'agit d'atteindre.

PREMIÈRE PARTIE.

ARITHMÉTIQUE.

PREMIER MOIS

Sommaire. — Grandeur ou quantité. — Nombre. — Unité. — Unités simples. — Les chiffres. — Calcul mental par unités simples. — Dizaines. — Calcul mental par dizaines. — Nombres entre dix et cent. — Centaines. — Calcul mental par centaines. — Nombres entre cent et mille. — Exercices oraux et écrits.

1. Grandeur ou **quantité.** — Tout ce qui peut être *augmenté*, *diminué*, *mesuré*, *compté* se nomme **grandeur** ou **quantité**.

Ainsi, une *somme d'argent* peut être augmentée ou diminuée; la *longueur* d'une table peut être mesurée; on peut compter une

Quantités.

rangée d'arbres, une *réunion d'hommes*, une *pile de livres* : ce sont des quantités.

2. Unité. — L'**unité**, qu'on appelle encore **un**, **une**, est formée par un seul être ou un seul objet. Exemples **un** *homme*, **une** *maison*, **un** *mètre*, **un** *litre*.

3. Nombre. — Lorsque nous comptons les unités d'une quantité, le résultat forme un **nombre.**

Ainsi, dans les quantités ci-dessus, nous trouvons *six* arbres, *cinq* livres, *une* table : **six, cinq, une** sont des nombres.

NUMÉRATION

4. Numération signifie *manière de nombrer, de compter les nombres.*

5. Les nombres se comptent en partant de l'unité ou *un*, qui est le premier nombre. On ajoute une unité à *un*, et on a un autre nombre; puis une unité à l'autre nombre, et ainsi de suite.

6. Les nombres se représentent par des signes qui permettent de les écrire rapidement et qu'on appelle **chiffres.**

UNITÉS SIMPLES

7. Je compte et j'écris comme il suit, en prenant pour unité un point, par exemple :

•	Un	que j'écris	1
• •	Deux	—	2
• • •	Trois	—	3
• • • •	Quatre	—	4
• • • • •	Cinq	—	5
• • • • • •	Six	—	6
• • • • • • •	Sept	—	7
• • • • • • • •	Huit	—	8
• • • • • • • • •	Neuf	—	9

8. Ces unités se nomment **unités simples** ou **unités du premier ordre.**

9. Rang. — Lorsque plusieurs unités sont placées en ordre, comme ci-après, on les désigne, selon le rang qu'elles occupent, par les mots *première* ou 1re, *deuxième* ou 2e, *troisième* ou 3e, *quatrième* ou 4e, *cinquième* ou 5e, *sixième* ou 6e, *septième* ou 7e, *huitième* ou 8e, *neuvième* ou 9e, de gauche à droite

•	•	•	•	•	•	•	•	•
9e	8e	7e	6e	5e	4e	3e	2e	1re

ou de droite à gauche

•	•	•	•	•	•	•	•	•
1re	2e	3e	4e	5e	6e	7e	8e	9e

10. Nombres pairs. — Les nombres de deux en deux, à partir de *deux*, sont appelés **nombres pairs.** Exemple : *deux, quatre, six.*

On les nomme ainsi parce qu'ils peuvent être partagés en deux parties égales, en deux **moitiés**, renfermant autant d'unités l'une que l'autre.

11. Nombres impairs. — Les nombres de deux en deux, à partir de *un*, sont appelés **nombres impairs.** Exemple *: un, trois, cinq.*

Chiffres pairs : 2, 4, 6, 8.
Chiffres impairs : 1, 3, 5, 7, 9.

12. Demie. — Si l'on partage l'unité en deux parties égales, chacune de ces deux parties se nomme **demie** ou **demi.** — Les nombres impairs partagés en deux moitiés donnent comme résultat un certain nombre d'unités plus *une demie*. Exemple : *La moitié de* **sept** *est* **trois et demi.**

EXERCICES ORAUX

1. Questions. — Qu'est-ce qu'une grandeur ou quantité? — Qu'est-ce que l'unité? — Qu'est-ce qu'un nombre? — Qu'est-ce que la Numération? — De quel nombre part-on pour compter? — Comment forme-t-on la suite des nombres? — Comment se nomment les signes qui représentent les nombres? — Écrivez au tableau les chiffres de 1 à 9 ; — écrivez-les de 9 à 1.

2. Exercices d'ensemble. — Comptez ensemble par un jusqu'à neuf : *un, deux, trois*, etc. — Comptez inversement à partir de neuf : *neuf, huit*, etc. (Répétez cet exercice plusieurs fois.) Comptez de même par rangs : *premier, deuxième*, etc.

3. Questions. — Qu'est-ce qu'un nombre pair? — Nommez des nombres pairs. — Qu'est-ce qu'un nombre impair? — Nommez des nombres impairs. — Écrivez au tableau les chiffres pairs; puis les chiffres impairs.

4. Exercices d'ensemble. — Comptez ensemble par nombres pairs de deux à huit : *deux, quatre, six*, etc. — Comptez les mêmes nombres à rebours : *huit, six*, etc.

5. Comptez par nombres impairs de un à neuf : *un, trois, cinq*, etc. — Comptez les mêmes nombres à rebours : *neuf, sept, cinq*, etc. (Répétez cet exercice plusieurs fois.)

6. Questions. — Qu'est-ce qu'une *demie?* — Combien faut-il de demies pour faire une unité entière? — Quelle est la moitié de quatre? — la moitié de six? — la moitié de huit? — Quelle est la moitié de trois? — la moitié de sept? — la moitié de neuf? etc.

7. Combien faut-il ajouter d'unités à *trois* pour avoir *cinq?* — à *quatre* pour avoir *six?* — à *sept* pour avoir *huit?* — Combien font en tout *une* pomme et *deux* pommes? — *cinq* pêches et *deux* pêches? — Trouvez la page six de votre livre; — la page huit; — la page trois.

8. J'avais *cinq* sous; j'en donne *deux* à un pauvre. Combien m'en reste-t-il? — J'ai *quatre* billes dans mes deux mains; il y en a *trois* dans la main droite, combien dans la main gauche?

EXERCICES ÉCRITS

9. Écrivez en chiffres les nombres de 1 à 9; écrivez-les ensuite à rebours de 9 à 1, et répétez cet exercice trois fois.

10. Écrivez les nombres pairs de 2 à 9; écrivez-les ensuite à rebours, et répétez trois fois l'exercice.

11. Écrivez les nombres impairs comme vous l'avez fait pour les nombres pairs.

12. Jules avait 6 sous dans sa bourse; il en reçoit 2 autres de son parrain. Combien en a-t-il maintenant?

13. Louis avait 9 billes; son ami lui en gagne 2. Combien lui en reste-t-il?

14. Mon père avait 6 moutons; il en achète 4 autres à la foire. Combien en a-t-il maintenant?

DIZAINES.

13. La réunion de dix unités simples forme une **dizaine.**

14. Je compte par dizaines comme j'ai compté par unités simples, et j'écris les dizaines avec les mêmes chiffres que les unités simples, en mettant un 0 (*zéro*) à leur droite :

Une dizaine	ou *dix*	que j'écris	10
Deux dizaines	— *vingt*	—	20
Trois dizaines	— *trente*	—	30
Quatre dizaines	— *quarante*	—	40

Cinq dizaines	— *cinquante*	que j'écris	50
Six dizaines	— *soixante*	—	60
Sept dizaines	— *soixante-dix*	—	70
Huit dizaines	— *quatre-vingts*	—	80
Neuf dizaines	— *quatre-vingt-dix*	—	90
Dix dizaines	— *cent*	—	100

15. Les dizaines se nomment **unités du deuxième ordre.**

Toutes les dizaines sont des nombres pairs.

EXERCICES ORAUX

15. Questions. — Combien faut-il d'unités simples pour faire une dizaine ? — Combien la moitié d'une dizaine contient-elle d'unités simples ?

16. Exercices d'ensemble. — Comptez par dizaines jusqu'à cent: *dix, vingt, trente,* etc.; puis à rebours : *cent, quatre-vingt-dix,* etc.

17. Comptez par vingt jusqu'à cent : *vingt, quarante,* etc.; puis à rebours, de cent à vingt : *cent, quatre-vingts,* etc. (Répétez plusieurs fois ces exercices.)

18. Questions. — Combien faut-il de *dizaines* pour faire quatre-vingts ? — Combien faut-il d'unités simples pour faire neuf dizaines?

19. Quelle est la moitié de vingt ? — la moitié de quarante ? — la moitié de cent ? — la moitié de soixante ?

20. Avec quels chiffres s'écrivent les dizaines ? — Quel ordre d'unités représentent les dizaines ?

EXERCICES ÉCRITS

21. Écrivez en chiffres les nombres de dizaines de 10 à 100; puis à rebours, de 100 à 10, et répétez cet exercice trois fois.

Écrivez les exercices suivants, et remplacez chaque tiret par le nombre convenable :

22. En 3 dizaines il y a — unités.
En 7 dizaines il y a — unités.
En 4 dizaines il y a — unités.

23. Il faut — unités pour faire 2 dizaines.
Il faut — unités pour faire 9 dizaines.
Il faut — unités pour faire 5 dizaines.

24. J'ai 20 francs dans chaque main. Combien ai-je en tout?

25. J'avais 50 billes, j'en ai perdu 10. Combien m'en reste-t-il?

26. Il y a 40 maisons d'un côté d'une rue et 30 de l'autre côté. Combien de maisons en tout?

27. On met bout à bout 2 pièces de ruban longues chacune de 30 mètres. Quelle est la longueur totale?

28. Deux troupeaux de moutons en contiennent l'un 40, l'autre 60. Combien en tout ?

NOMBRES RENFERMANT DES DIZAINES ET DES UNITÉS SIMPLES

16. Pour former les nombres qui renferment des dizaines et des unités simples, je place entre deux dizaines qui se suivent les neuf premiers nombres, puis je remplace le zéro de chaque dizaine par les chiffres déjà employés. J'ai ainsi :

17. De dix à vingt.

Dix-un	ou onze	ou 11	Dix-six	ou seize	ou 16
Dix-deux	— douze	— 12	Dix-sept		— 17
Dix-trois	— treize	— 13	Dix-huit		— 18
Dix-quatre	— quatorze	— 14	Dix-neuf		— 19
Dix-cinq	— quinze	— 15	Vingt		— 20

18. De vingt à trente.

Vingt et un	ou	21	Vingt-six	ou	26
Vingt-deux	—	22	Vingt-sept	—	27
Vingt-trois	—	23	Vingt-huit	—	28
Vingt-quatre	—	24	Vingt-neuf	—	29
Vingt-cinq	—	25	Trente	—	30

EXERCICES ORAUX

29. Exercices d'ensemble. — Comptez *par un*, de un à trente; puis à rebours, de trente à un. — Comptez *par nombres pairs*, de deux à vingt, puis de vingt à deux.

30. Comptez *un à un* les anneaux de la chaîne ci-dessous, et dites-en le nombre.

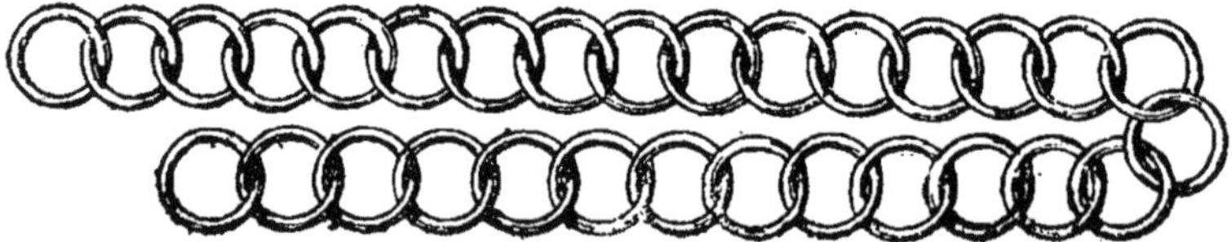

31. Comptez *de trois en trois* depuis trois jusqu'à quinze, puis de quinze à trois. — Comptez *de trois en trois* depuis quinze jusqu'à trente, puis de trente à quinze.

32. Comptez *par nombres impairs* de un à quinze, puis de quinze à un, etc.

33. Questions. — Combien y a-t-il de *dizaines et* d'*unités* dans quatorze? — dans vingt-six? — dans dix-huit? etc. — Trouvez la page douze de votre livre; — la page vingt-six, etc.

34. Quelle est la moitié de dix? — de douze? — de quatorze? — de seize? — de dix-huit? — de vingt?

35. Écrivez en chiffres, au tableau noir, les nombres qui contiennent :

Deux dizaines et deux unités;
Une dizaine et sept unités;
Huit unités;
Une dizaine.

EXERCICES ÉCRITS

36. Écrivez en chiffres les nombres de 1 à 30.

37. Écrivez en chiffres les nombres pairs de 2 à 30, puis de 30 à 2.

38. Écrivez en chiffres les nombres impairs de 1 à 21, puis de 21 à 1.

39. Écrivez en chiffres les nombres suivants : vingt-cinq, quatorze, dix-sept, cinq, vingt et un, vingt-quatre, seize, vingt-sept.

40. Écrivez en toutes lettres les nombres suivants : 26, 12, 6, 11, 20, 23, 29, 18, 14, 7, 15.

41. Écrivez l'exercice suivant, et remplacez chaque tiret par la quantité convenable :

Dans 24, il y a — dizaines et — unités.
Dans 18, il y a — dizaine et — unités.
Dans 15, il y a — dizaine et — unités.

42. Écrivez, en remplaçant chaque tiret par la quantité convenable :

Il faut — dizaine et — unités pour faire 16.
Il faut — dizaines et — unités pour faire 28.
Il faut — dizaines et — unité pour faire 21.

43. J'avais 20 ares de terrain ; j'en achète encore 5 ares. Combien en ai-je?

44. J'avais 20 pigeons ; j'en ai offert 5. Combien m'en reste-t-il ?

19. De trente à quarante.

Trente et un (1)	ou	31	Trente-six	ou	36
Trente-deux	—	32	Trente-sept	—	37
Trente-trois	—	33	Trente-huit	—	38
Trente-quatre	—	34	Trente-neuf	—	39
Trente-cinq	—	35	Quarante	—	40

20. De quarante à cinquante.

Quarante et un	ou	41	Quarante-six	ou	46
Quarante-deux	—	42	Quarante-sept	—	47
Quarante-trois	—	43	Quarante-huit	—	48
Quarante-quatre	—	44	Quarante-neuf	—	49
Quarante-cinq	—	45	Cinquante	—	50

(1) Joignez par un trait d'union les mots des nombres au-dessous de *cent*, excepté lorsqu'il y a *et*.

21. TABLEAU DES NOMBRES IMPAIRS ET DES NOMBRES PAIRS JUSQU'À CINQUANTE.

Nombres impairs.		Nombres pairs.	
Un.	1	Deux.	2
Trois.	3	Quatre.	4
Cinq.	5	Six.	6
Sept.	7	Huit.	8
Neuf.	9	Dix.	10
Onze.	11	Douze	12
Treize.	13	Quatorze.	14
Quinze.	15	Seize.	16
Dix-sept.	17	Dix-huit.	18
Dix-neuf.	19	Vingt	20
Vingt et un.	21	Vingt-deux	22
Vingt-trois.	23	Vingt-quatre.	24
Vingt-cinq.	25	Vingt-six	26
Vingt-sept.	27	Vingt-huit.	28
Vingt-neuf.	29	Trente.	30
Trente et un.	31	Trente-deux.	32
Trente-trois.	33	Trente-quatre	34
Trente-cinq	35	Trente-six.	36
Trente-sept	37	Trente-huit	38
Trente-neuf.	39	Quarante	40
Quarante et un	41	Quarante-deux.	42
Quarante-trois.	43	Quarante-quatre.	44
Quarante-cinq.	45	Quarante-six	46
Quarante-sept.	47	Quarante-huit.	48
Quarante-neuf.	49	Cinquante.	50

EXERCICES ORAUX

45. Exercices d'ensemble. — Comptez *par un*, de trente et un à cinquante; puis à rebours, de cinquante à trente et un. — Comptez *par nombres impairs* de trente et un à quarante-neuf.

46. Comptez *par trois*, de trois à quarante-huit.

47. Comptez *par deux à la fois* les points suivants, et dites-en le nombre :

●● ●● ●● ●● ●● ●● ●● ●● ●● ●● ●● ●● ●●

●● ●● ●● ●● ●● ●● ●● ●● ●● ●● ●● ●●

48. Comptez *par trois* les quilles ci-dessous, et dites-en le nombre.

49. Comptez *par deux* les carreaux des fenêtres de la classe.

50. Questions. — Combien y a-t-il de *dizaines et* d'*unités* dans trente-huit? — dans vingt-trois? — dans quarante et un?

51. Trouvez la page trente-deux de votre livre; — la page quarante-sept ; — la page quarante.

52. Dites les nombres qui contiennent :

Trois dizaines et neuf unités;
Quatre dizaines et deux unités, etc.

53. J'avais dix sous; j'en gagne sept autres. Combien ai-je?

54. J'avais vingt sous; j'en gagne sept autres. Combien ai-je?

55. J'avais trente sous; j'en gagne sept autres. Combien ai-je?

EXERCICES ÉCRITS

56. Écrivez en chiffres les nombres de 1 à 50 ; écrivez-les ensuite à rebours de 50 à 1.

57. Écrivez les nombres pairs de 2 à 50, puis de 50 à 2.

58. Écrivez en chiffres les nombres impairs de 1 à 49, puis de 49 à 1.

59. Écrivez les nombres de 3 en 3 depuis 3 jusqu'à 48, puis de 48 à 3.

60. Écrivez en toutes lettres les nombres suivants : 36, 42, 49, 30. 48, 17, 28, 35.

61. Écrivez l'exercice suivant, et remplacez chaque tiret par le chiffre convenable :

Dans 43, il y a — dizaines et — unités.
Dans 39, il y a — dizaines et — unités.
Dans 31, il y a — dizaines et — unité.

62. Écrivez de même l'exercice suivant :

Il faut — dizaines et — unités pour faire 34.
Il faut — dizaines et — unités pour faire 45.
Il faut — dizaines et — unités pour faire 37.

63. Paul avait 30 bons points ; il en gagne 3 autres le lundi, 3 le mardi, 2 le mercredi, 2 le vendredi, 3 le samedi. Combien a-t-il?

22. De cinquante à soixante.

Cinquante et un	ou	51	Cinquante-six	ou	56
Cinquante-deux	—	52	Cinquante-sept	—	57
Cinquante-trois	—	53	Cinquante-huit	—	58
Cinquante-quatre	—	54	Cinquante-neuf	—	59
Cinquante-cinq	—	55	Soixante	—	60

23. De soixante à soixante-dix.

Soixante et un	ou	61	Soixante-six	ou	66
Soixante-deux	—	62	Soixante-sept	—	67
Soixante-trois	—	63	Soixante-huit	—	68
Soixante-quatre	—	64	Soixante-neuf	—	69
Soixante-cinq	—	65	Soixante-dix	—	70

24. TABLEAU DES NOMBRES DE 3 EN 3 JUSQU'A 60.

Trois.	3	Trente-trois.	33
Six.	6	Trente-six.	36
Neuf.	9	Trente-neuf.	39
Douze	12	Quarante-deux.	42
Quinze.	15	Quarante-cinq.	45
Dix-huït.	18	Quarante-huit.	48
Vingt et un	21	Cinquante et un.	51
Vingt-quatre	24	Cinquante-quatre. . . .	54
Vingt-sept.	27	Cinquante-sept	57
Trente.	30	Soixante.	60

25. TABLEAU DES NOMBRES DE 4 EN 4 JUSQU'A 60.

Quatre.	4	Trente-six.	36
Huit.	8	Quarante	40
Douze	12	Quarante-quatre.	44
Seize.	16	Quarante-huit.	48
Vingt	20	Cinquante-deux.	52
Vingt-quatre.	24	Cinquante-six.	56
Vingt-huit.	28	Soixante.	60
Trente-deux.	32		

EXERCICES ORAUX

64. Exercices d'ensemble. — Comptez *par un*, de cinquante et un à soixante-dix ; puis de soixante-dix à cinquante et un. — Comptez *par nombres pairs*, de cinquante-deux à soixante-dix ; puis de soixante-dix à cinquante-deux.

65. Lisez ensemble plusieurs fois les deux tableaux ci-dessus (Nos 24 et 25).

66. Comptez *par trois*, de trente-trois à soixante ; puis de soixante à trente-trois.

67. Comptez *par quatre*, de quatre à soixante, puis de soixante à quatre.

68. Comptez *par trois à la fois* les points suivants :

69. Comptez *par deux*, puis *par quatre*, les dominos suivants qui forment le jeu complet :

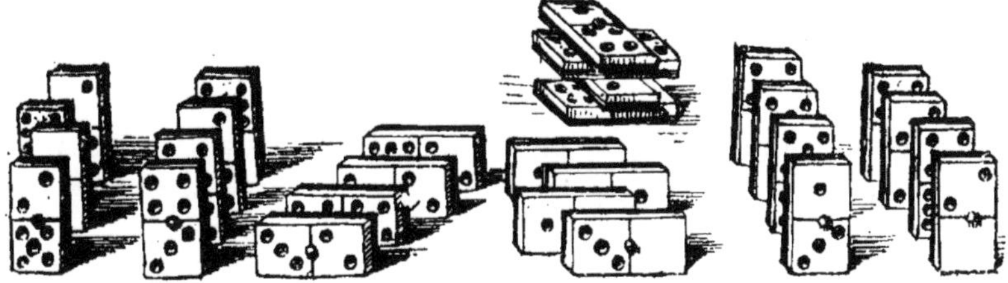

70. Questions. — Combien y a-t-il de *dizaines et* d'*unités* dans cinquante-quatre ? — dans soixante-neuf ? etc.

71. Trouvez la page cinquante-deux de votre livre ; la page soixante-quatre ; — la page soixante.

72. Combien y a-t-il de *pièces de dix francs* dans trente francs ? — dans quarante francs ? — dans cinquante francs ?

EXERCICES ÉCRITS

73. Écrivez en chiffres les nombres de 51 à 70 ; écrivez-les ensuite à rebours de 70 à 51.

74. Écrivez les nombres pairs de 52 à 70, puis de 70 à 52.

75. Écrivez les nombres impairs de 51 à 69, puis de 69 à 51.

76. Écrivez en chiffres les nombres de quatre en quatre, de 20 à 68 ; puis de 68 à 20.

77. Écrivez en toutes lettres les nombres suivants : 59, 67, 46, 70, 51, 66, 53, 60.

78. Écrivez en chiffres les nombres suivants : soixante et un, cinquante-quatre, cinquante-huit, quarante et un, trente-six, vingt-huit.

26. De soixante-dix à quatre-vingts.

Soixante et onze	ou	71	Soixante-seize	ou	76
Soixante-douze	—	72	Soixante-dix-sept	—	77
Soixante-treize	—	73	Soixante-dix-huit	—	78
Soixante-quatorze	—	74	Soixante-dix-neuf	—	79
Soixante-quinze	—	75	Quatre-vingts	—	80

27. De quatre-vingts à quatre-vingt-dix (1).

Quatre-vingt-un	ou	81	Quatre-vingt-six	ou	86
Quatre-vingt-deux	—	82	Quatre-vingt-sept	—	87
Quatre-vingt-trois	—	83	Quatre-vingt-huit	—	88
Quatre-vingt-quatre	—	84	Quatre-vingt-neuf	—	89
Quatre-vingt-cinq	—	85	Quatre-vingt-dix	—	90

28. De quatre-vingt-dix à cent.

Quatre-vingt-onze	ou	91	Quatre-vingt-seize	ou	96
Quatre-vingt-douze	—	92	Quatre-vingt-dix-sept	—	97
Quatre-vingt-treize	—	93	Quatre-vingt-dix-huit	—	98
Quatre-vingt-quatorze	—	94	Quatre-vingt-dix-neuf	—	99
Quatre-vingt-quinze	—	95	Cent ou *dix dizaines*	—	100

29. TABLEAU DES NOMBRES DE 5 EN 5 JUSQU'A 100.

Cinq.	5	Cinquante-cinq	55
Dix.	10	Soixante.	60
Quinze.	15	Soixante-cinq	65
Vingt	20	Soixante-dix.	70
Vingt-cinq.	25	Soixante-quinze.	75
Trente.	30	Quatre-vingts	80
Trente-cinq	35	Quatre-vingt-cinq. . . .	85
Quarante	40	Quatre-vingt-dix.	90
Quarante-cinq.	45	Quatre-vingt-quinze. . .	95
Cinquante.	50	Cent.	100

EXERCICES ORAUX

79. Exercices d'ensemble. — Comptez *par un*, de soixante et onze

(1) Mettez un *s* à vingt dans *quatre-vingts;* n'en mettez pas dans *quatre-vingt-un, quatre-vingt-deux.... quatre-vingt-dix.*

à cent ; puis de cent à soixante et onze. — Comptez *par nombres impairs*, de soixante et onze à quatre-vingt-dix-neuf ; puis à rebours.

80. Comptez *par trois*, de soixante à quatre-vingt-dix ; puis de quatre-vingt-dix à soixante. — Comptez *par quatre*, de soixante à cent ; puis de cent à soixante.

81. Comptez *par cinq*, de cinq à cent ; puis de cent à cinq.

82. Comptez *par quatre* de haut en bas, puis *par trois* de gauche à droite, les mois de l'année, et dites-en le nombre :

Janvier *Mai* *Septembre,*
Février *Juin* *Octobre,*
Mars *Juillet* *Novembre,*
Avril *Août* *Décembre.*

83. Il y a autant de points dans la ligne suivante qu'il y a d'heures dans un jour ; comptez-les *par quatre*, et dites le nombre :

•••• •••• •••• •••• •••• ••••

84. Il y a autant de minutes dans une heure qu'il y a de points dans les deux lignes suivantes ; comptez-les *par cinq*, et dites le nombre :

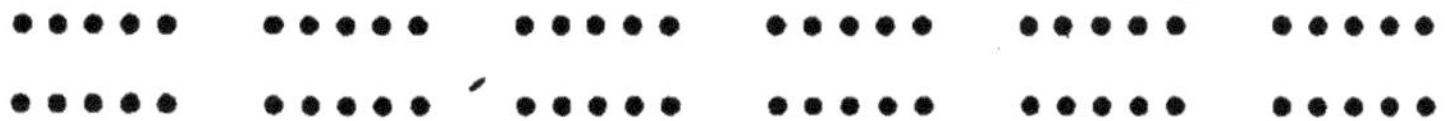

85. Dites les nombres qui contiennent : sept dizaines et cinq unités ; — huit dizaines et cinq unités ; — neuf dizaines et une unité.

86. Écrivez en chiffres au tableau cinq nombres différents, composés de dizaines et d'unités. (Plusieurs élèves répètent cet exercice.)

EXERCICES ÉCRITS

87. Écrivez en chiffres les nombres de 1 à 100, puis de 100 à 1.

88. Écrivez en chiffres les nombres de cinq en cinq, de 70 jusqu'à 100 ; puis de 100 à 70.

89. Écrivez en toutes lettres les nombres suivants : 76, 82, 86, 99, 92, 74, 71, 98, 85, 88, 80, 73.

90. Écrivez l'exercice suivant, et remplacez chaque tiret par le chiffre convenable :

Dans 75, il y a — dizaines et — unités.
Dans 88, il y a — dizaines et — unités.
Dans 96, il y a — dizaines et — unités.

91. Écrivez l'exercice suivant, et remplacez chaque tiret par le chiffre convenable :

Il faut — dizaines et — unités pour faire 87.
Il faut — dizaines et — unités pour faire 94.
Il faut — dizaines et — unités pour faire 72.

92. Le père de Georges a gagné : le lundi 5 francs, le mardi 5 francs le mercredi 5 francs, le jeudi 5 francs, le vendredi 5 francs, le samedi 5 francs ; combien a-t-il gagné de francs dans la semaine ?

93. Un poirier avait rapporté 80 poires ; on en a mangé 5 un jour, puis 5 autres le lendemain ; combien en reste-t-il ?

CENTAINES.

30. La réunion de dix dizaines forme une **centaine.**

31. Je compte par centaines comme par dizaines et par unités simples, et j'écris les centaines avec les mêmes chiffres que les unités simples en plaçant 00 (deux zéros) à leur droite.

Une centaine	ou	*cent*	que j'écris	100
Deux centaines	—	*deux cents*	—	200
Trois centaines	—	*trois cents*	—	300
Quatre centaines	—	*quatre cents*	—	400
Cinq centaines	—	*cinq cents*	—	500
Six centaines	—	*six cents*	—	600
Sept centaines	—	*sept cents*	—	700
Huit centaines	—	*huit cents*	—	800
Neuf centaines	—	*neuf cents*	—	900
Dix centaines	—	*mille*	—	1000

32. Les centaines se nomment **unités du troisième ordre.**

33. Une centaine vaut 10 dizaines ou 100 unités simples ; 2 centaines valent 20 dizaines ou 200 unités simples ; 3 centaines valent 30 dizaines ou 300 unités simples, et ainsi de suite.

EXERCICES ORAUX

94. **Questions.** — Combien faut-il de dizaines pour faire une centaine ? — Combien faut-il d'unités pour faire une centaine ? — trois centaines ? — huit centaines ? etc.

95. Quelle est la moitié de cent ? — la moitié de deux cents ? — de six cents ? — de trois cents ? — de cinq cents ?

96. Combien y a-t-il de pièces de dix francs dans cent francs ? — dans cinq cents francs? — dans mille francs?

97. — **Exercices d'ensemble.** — Comptez par centaines jusqu'à mille : *cent, deux cents,* etc. ; puis à rebours de mille à cent.

EXERCICES ÉCRITS

98. Écrivez en chiffres les nombres de centaines, de 100 à 1 000 ; puis de 1 000 à 100. (Répétez trois fois l'exercice.)

99. Écrivez l'exercice suivant, en remplaçant chaque tiret par le nombre convenable :

En 2 centaines, il y a — dizaines ou — unités.
En 3 centaines, il y a — dizaines ou — unités.
En 7 centaines, il y a — dizaines ou — unités.

100. Écrivez l'exercice suivant et remplacez chaque tiret par le nombre convenable :

Il faut — dizaines ou — unités pour faire 4 centaines.
Il faut — dizaines ou — unités pour faire 5 centaines.
Il faut — dizaines ou — unités pour faire 8 centaines.

101. J'ai 100 francs dans chaque main ; combien ai-je en tout ?

102. Mon père part à la foire avec 300 francs ; il achète un cheval 100 francs. Combien d'argent rapporte-t-il?

103. Louis a trouvé un portefeuille contenant 400 francs ; il s'empresse de le rendre à la personne qui l'a perdu, et on lui remet dix francs par chaque centaine de francs. Quelle est sa récompense ?

104. On a récolté 300 pêches, et on en a fait trois tas égaux. Combien chaque tas contient-il de pêches ?

NOMBRES RENFERMANT DES CENTAINES, DES DIZAINES ET DES UNITÉS SIMPLES

34. Pour former les nombres qui renferment des centaines, des dizaines et des unités simples, je place entre deux centaines qui se suivent les quatre-vingt-dix-neuf premiers nombres.

35. Les nombres qui renferment des centaines, des dizaines et des unités s'écrivent avec *trois chiffres*, un pour les unités, un pour les dizaines, un pour les centaines.

Le chiffre des **unités** se met au **premier** rang.

Le chiffre des **dizaines** au **second** rang, c'est-à-dire à gauche des unités.

Le chiffre des **centaines** se met au **troisième** rang, c'est-à-dire à gauche des dizaines.

Les neuf nombres qui suivent chaque centaine ne contiennent pas de dizaines ; je laisse à leur place le zéro. J'ai ainsi :

36. De cent à deux cents.

Cent	ou	100	Cent quatre	ou	104
Cent un	—	101	Cent cinq	—	105
Cent deux	—	102	Cent six	—	106
Cent trois	—	103	Cent sept	—	107

Cent huit	ou	108	Cent onze	ou	111
Cent neuf	—	109	Cent douze	—	112
Cent dix	—	110	Cent treize	—	113

et ainsi de suite jusqu'à

Cent quatre-vingt-dix-neuf, que j'écris 199

37. De deux cents à trois cents.

Deux cents (1)	ou	200	Deux cent sept	ou	207
Deux cent un	—	201	Deux cent huit	—	208
Deux cent deux	—	202	Deux cent neuf	—	209
Deux cent trois	—	203	Deux cent dix	—	210
Deux cent quatre	—	204	Deux cent onze	—	211
Deux cent cinq	—	205	Deux cent douze	—	212
Deux cent six	—	206	Deux cent treize	—	213

et ainsi de suite jusqu'à

Deux cent quatre-vingt-dix-neuf, que j'écris 299

Je continue de la même manière jusqu'à

Neuf cent quatre-vingt-dix-neuf, que j'écris 999

38. DIFFÉRENTS NOMBRES ENTRE 100 ET 1 000.

Cent un.	101	Cinq cent quatre-vingt-dix.	590
Cent huit.	108	Six cents.	600
Cent vingt-cinq	125	Six cent cinquante et un	651
Cent soixante..	160	Sept cent trois.	703
Deux cent quatre. . . .	204	Sept cent quinze. . . .	715
Deux cent soixante-quinze	275	Sept cent quatre-vingt-treize.	793
Trois cent neuf	309	Huit cent neuf.	809
Trois cent trente. . . .	330	Huit cent quarante . .	840
Quatre cent quatre-vingt-dix-neuf	499	Neuf cent cinq.	905
Cinq cent quatre-vingt-sept	587	Neuf cent quatre-vingt-dix-neuf	999

(1) Mettez un *s* à *cent* dans *deux cents, trois cents*, etc. N'en mettez pas lorsqu'il y a un autre nombre après *cent*. Exemples : *deux cent trois, deux cent quinze*, etc.

EXERCICES ORAUX

105. Exercices d'ensemble. — Comptez *par un,* de cent cinquante à deux cents. — Comptez *par deux,* de trois cents à trois cent cinquante.

106. Comptez *par trois,* de quatre cents à quatre cent soixante ; puis de quatre cent soixante à quatre cents.

107. Comptez *par dix,* de dix à mille. — Comptez *par dix,* à partir de deux jusqu'à cent deux. — Comptez *par cent,* à partir de quatre jusqu'à neuf cent quatre, etc.

108. Comptez *par quatre*, puis *par huit,* les boutons de la carte ci-dessous :

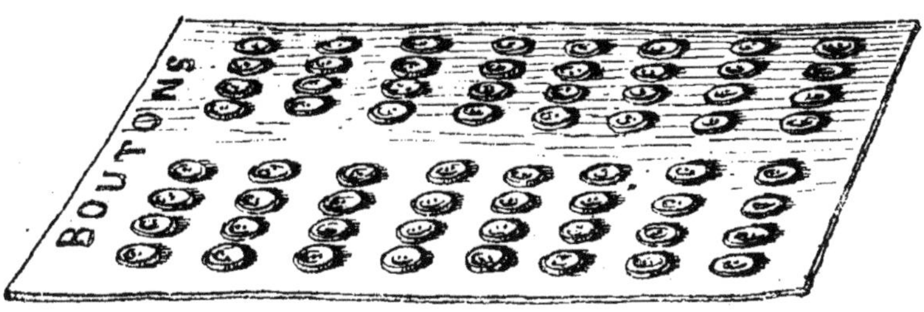

109. Il y a autant de jours dans l'année qu'il y a de points dans le tableau suivant ; comptez *par cinq,* et dites le nombre :

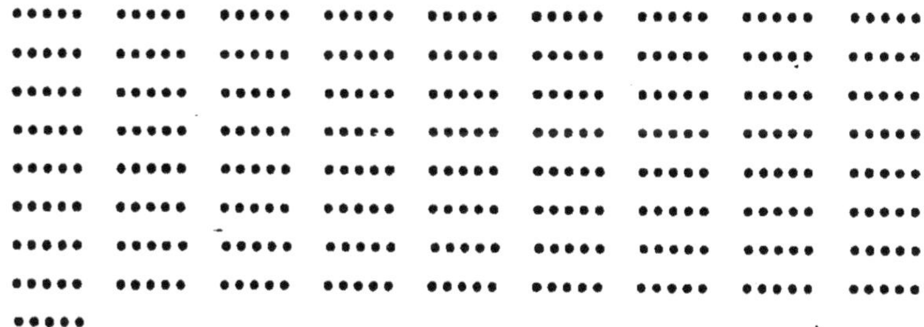

110. Questions. — Combien y a-t-il de centaines, de dizaines et d'unités dans cent trente-neuf ? — dans deux cent six ? etc.

111. Combien font trois cents et cinq cents ? — six cents et deux cents ? — quatre cents et cinq cents ?

112. Écrivez en chiffres, au tableau, cinq nombres comprenant des centaines, des dizaines et des unités. — Cinq autres nombres ayant seulement des centaines et des unités. (Plusieurs élèves répètent cet exercice.)

EXERCICES ÉCRITS

113. Écrivez en chiffres les nombres suivants : cinq cent un, cent quatre-vingt-deux, deux cent dix-huit, cinq cent cinquante-cinq, sept cent soixante-dix-sept, neuf cent deux, neuf cent soixante.

114. Écrivez en toutes lettres les nombres suivants : 128, 730, 549, 74, 271, 642, 333, 222, 508, 907, 693, 850, 879, 608, 985, 351, 726.

115. Écrivez l'exercice suivant, et remplacez chaque tiret par le chiffre convenable :

Dans 844, il y a — centaines, — dizaines et — unités.
Dans 541, il y a — centaines, — dizaines et — unités.
Dans 620, il y a — centaines, — dizaines et — unités.

116. Écrivez l'exercice suivant, et remplacez chaque tiret par le chiffre convenable :

Il faut — centaines, — dizaines et — unités pour faire 257.
Il faut — centaines, — dizaines et — unités pour faire 980.
Il faut — centaines, — dizaines et — unités pour faire 604.

117. Un sac d'argent renferme 400 francs; on y met encore 300 francs. Combien contient-il alors?

118. Deux troupeaux de moutons contiennent : le premier 300 moutons, le deuxième 350. Combien en tout?

DEUXIÈME MOIS

Sommaire. Mille. — Calcul mental par mille. — Nombres entre mille et un million. — Exercices oraux et écrits. — Millions. — Nombres supérieurs aux millions. — Exercices oraux et écrits.

MILLE.

39. La réunion de dix centaines forme un **mille**.

40. Le mille est considéré comme une nouvelle unité d'une classe supérieure. J'ai compté par unités simples jusqu'à mille : je compte de même par mille jusqu'à mille mille; et pour écrire ces nouveaux nombres, je place trois zéros à droite de chacun des mille premiers nombres. J'ai ainsi :

Un mille	que j'écris	1000
Deux mille (1)	—	2000
Trois mille	—	3000

et ainsi de suite jusqu'à

Neuf cent quatre-vingt-dix-huit mille	998000
Neuf cent quatre-vingt-dix-neuf mille	999000
Mille mille	1000000

(1) *Mille* ne prend pas d's.

41. Les unités de mille sont les **unités du quatrième ordre**; leur chiffre est placé au **quatrième rang.**

42. Les dizaines de mille sont les **unités du cinquième ordre**; leur chiffre est placé au **cinquième rang.**

43. Les centaines de mille sont les **unités du sixième ordre**; leur chiffre est placé au **sixième rang.**

44. DIFFÉRENTS NOMBRES DE MILLE.

Six mille.	6 000
Vingt-cinq mille.	25 000
Quatre-vingt mille.	80 000
Cent quarante-trois mille.	143 000
Trois cent mille.	300 000
Huit cent neuf mille.	809 000
Neuf cent soixante-seize mille	976 000

EXERCICES ORAUX

119. Exercices d'ensemble. — Comptez *par mille* jusqu'à trente mille. — Comptez *par cinq mille*, de cinq cent mille à six cent mille. — Comptez par *dix mille*, de sept cent mille à neuf cent mille.

120. — Questions. — J'ai quatre mille francs dans chaque main; combien ai-je? — Il y a trois mille soldats dans un régiment; combien y en a-t-il dans trois régiments?

121. Combien font trente mille et trente mille? — vingt mille et vingt mille? — trente mille et quarante mille? six cent mille et trois cent mille? etc.

122. Quelles sont les unités du quatrième ordre? — du troisième ordre? — du cinquième ordre? — du deuxième ordre? etc.

123. A quel rang se placent les unités simples dans un nombre? — les centaines d'unités simples? — les centaines de mille? etc.

124. Combien y a-t-il de billets de cent francs dans mille francs? — dans deux mille francs? — dans cinq mille francs?

EXERCICES ÉCRITS

125. Écrivez en toutes lettres les nombres suivants: 50 000, 9 000, 104 000, 280 000, 731 000, 420 000, 676 000, 589 000, 31 000, 209 000 695 000.

126. Écrivez en chiffres les nombres suivants: sept cent trente-huit mille, quatre cent huit mille, cinq mille, cent soixante-dix-huit mille, neuf cent mille, huit cent cinq mille, six cent trente-deux mille.

127. Écrivez l'exercice suivant, et remplacez chaque tiret par le nombre convenable :

En 8 mille, il y a — centaines ou — dizaines ou — unités.
En 5 mille, il y a — centaines ou — dizaines ou — unités.
En 12 mille, il y a — centaines ou — dizaines ou — unités.

128. Écrivez l'exercice suivant, et remplacez chaque tiret par le nombre convenable :

Il faut — unités ou — dizaines ou — centaines pour faire 15 000.
Il faut — unités ou — dizaines ou — centaines pour faire 30 000.
Il faut — unités ou — dizaines ou — centaines pour faire 200 000.

129. Deux armées comprennent l'une 200 000 hommes, l'autre 150 000. Combien la première en a-t-elle de plus que l'autre ?

130. Versailles renferme 62 000 habitants ; Evreux, 10 000. Combien en tout dans les deux villes ?

131. Orléans renferme 50 000 habitants ; Tours, 40 000. Combien en tout dans les deux villes ?

NOMBRES QUI CONTIENNENT DES MILLE ET DES UNITÉS

45. Pour former les nombres qui contiennent des mille et des unités simples, je place entre deux mille qui se suivent les neuf cent quatre-vingt-dix-neuf premiers nombres.

Pour les écrire, je mets ces neuf cent quatre-vingt-dix-neuf premiers nombres à la place des trois zéros. Cependant, les neuf premiers n'ayant ni dizaines ni centaines, et ceux qui suivent jusqu'à 99 n'ayant pas de centaines, je laisse le zéro à la place des ordres qui manquent. J'ai ainsi :

Mille un	que j'écris	1 001
Mille deux	—	1 002
Mille trois	—	1 003
. . . .		. . .
Mille dix	—	1 010
Mille onze	—	1 011
. . . .		. . .
Mille quatre-vingt-dix-neuf	—	1 099
Mille cent	—	1 100
Mille cent un	—	1 101
Mille cent deux	—	1 102
. . . .		. . .
Mille neuf cent quatre-vingt-dix-neuf	—	1 999

Deux mille un	—	2 001
Deux mille cinq cent trente	—	2 530
. . . .		
Deux mille neuf cent quatre-vingt-dix-neuf	—	2 999
. . . .		
Neuf cent quatre-vingt-dix-neuf mille un	—	999 001
. . . .		
Neuf cent quatre-vingt-dix-neuf mille trois cents	—	999 300
. . . .		
Neuf cent quatre-vingt-dix-neuf mille neuf cent quatre-vingt-dix-neuf	—	999 999

46. DIFFÉRENTS NOMBRES ENTRE 1 000 ET 1 000 000.

Mille six.	1 006
Mille vingt.	1 020
Cinq mille trois cent quarante	5 340
Quatre-vingt-cinq mille huit cent soixante-douze. .	85 872
Cent mille quatre	100 004
Deux cent mille dix-huit.	200 018
Six cent vingt et un mille quatre cents.	621 400
Huit cent mille quatre-vingts.	800 080
Neuf cent quatre-vingt-dix mille quatre-vingt-dix.	990 090

EXERCICES ORAUX

132. Exercices d'ensemble. — Lisez un à un les chiffres des nombres compris dans le tableau ci-dessus, en leur donnant le nom de l'unité de leur ordre : *un mille*, *zéro centaine*, etc. — Lisez ensuite de droite à gauche : *six unités*, *zéro dizaine*, etc. — Lisez enfin les nombres sans les décomposer.

133. Lisez ensemble l'exercice suivant, et remplacez chaque tiret par le numéro de l'ordre demandé :

Les dizaines de mille sont les unités du —ième ordre.
Les centaines de mille sont les unités du —ième ordre.
Les centaines d'unités simples sont les unités du —ième ordre.
Les dizaines d'unités simples sont les unités du —ième ordre.

Nommez les chiffres des nombres suivants avec le nom de l'unité de leur ordre : *quatre dizaines de mille*, *deux mille*, *six centaines*, etc. ;

puis de droite à gauche : *trois unités simples, cinq dizaines d'unités simples*, etc.

134.	42 653	**135.**	78 941	**136.**	632 869	**137.**	19 804
	820 910		584 372		9 630		8 427

Lisez ensemble, sans les décomposer, les nombres ci-dessus : *quarante-deux mille six cent cinquante-trois,* etc.

138. Questions. — Quel rang occupent les dizaines de mille dans un nombre ? — les centaines de mille ? — les centaines d'unités simples ? — les unités de mille ?

139. Écrivez en chiffres, au tableau noir, trois nombres ayant les ordres suivants : mille, centaines, dizaines et unités ; — trois autres nombres de cinq chiffres n'ayant pas de mille ni de dizaines.

EXERCICES ÉCRITS

140. Écrivez en chiffres les nombres suivants : cinq cent vingt-quatre mille huit cent trente-trois, dix mille neuf cent quatre, deux cent deux mille cinq cent quatre-vingts, huit cent soixante-neuf mille sept cents.

141. Écrivez en chiffres les nombres suivants : six cent trente mille quatre-vingt-dix, soixante-dix mille cinq cents, huit cent quatre-vingt-huit mille, six cent soixante-six mille six cents.

142. Écrivez en chiffres les nombres suivants : quatre cent mille quarante-huit, trois cent mille trois, soixante-dix mille dix-huit, quatre-vingt-dix mille neuf cent cinq, douze mille neuf.

Décomposez les nombres suivants en leurs différents ordres, de gauche à droite : 3 *dizaines de mille,* 6 *mille,* etc.

143.	36 925	**145.**	9 520	**147.**	672 541
	695 276		16 003		590 080
144.	74 682	**146.**	8 347	**148.**	908 403
	5 830		48 932		760 004

Décomposez les nombres suivants en leurs différents ordres, de droite à gauche : 6 *unités simples,* 4 *dizaines d'unités simples,* etc.

149.	59 246	**151.**	13 461	**153.**	752 539
	379 624		87 842		180 070
150.	6 827	**152.**	37 084	**154.**	846 007
	58 437		714 900		900 820

MILLIONS.

47. De même que la réunion de mille unités simples forme un *mille*, la réunion de mille mille forme un **million.**

48. J'ai compté par unités simples jusqu'à *mille*; j'ai compté par mille jusqu'à mille *mille* ou un *million*; je compterai de même par millions jusqu'à mille *millions*.

49. Les 999 premières unités forment la **première classe** d'unités : *unités simples*.

50. Les 999 premiers mille forment la **deuxième classe** d'unités : *classe des mille*.

51. Les 999 premiers millions forment la **troisième classe** d'unités : *classe des millions*.

52. Pour écrire les millions, je place six zéros à droite des quantités de millions. J'ai ainsi :

Un million	que j'écris	1 000 000
Deux millions	—	2 000 000
. . . .		
Neuf cent quatre-vingt-dix-neuf millions	—	999 000 000
Mille millions	—	1 000 000 000

53. Les unités de millions sont les **unités du septième ordre**; leur chiffre est placé au **septième rang.**

54. Les dizaines de millions sont les **unités du huitième ordre**; leur chiffre est placé au **huitième rang.**

55. Les centaines de millions sont les **unités du neuvième ordre**; leur chiffre est placé au **neuvième rang.**

56. DIFFÉRENTS NOMBRES DE MILLIONS.

Huit millions	8 000 000
Trente-deux millions	32 000 000
Soixante millions.	60 000 000
Deux cent soixante-neuf millions.	269 000 000
Neuf cent millions	900 000 000
Neuf cent soixante-treize millions	973 000 000

EXERCICES ORAUX

155. Exercices d'ensemble. — Comptez *par millions* jusqu'à trente millions. — Comptez *par trois millions*, de soixante millions à quatre-vingt-dix millions; puis à rebours, de quatre-vingt-dix millions à soixante millions, etc.

156. Questions. — Quelle sont les unités du septième ordre? — du neuvième ordre? — du huitième ordre?

157. Combien un million vaut-il de mille ? — Combien une dizaine de millions vaut-elle de millions ?

158. Combien une centaine de millions vaut-elle de dizaines de millions ? — Combien une dizaine de millions vaut-elle de mille ? etc.

EXERCICES ÉCRITS

159. Écrivez en toutes lettres les nombres suivants : 15 000 000, 9 000 000, 736 000 000, 896 000 000, 904 000 000.

160. 360 000 000, 249 000 000, 784 000 000, 80 000 000, 190 000 0000.

161. Écrivez en chiffres les nombres suivants : vingt-neuf millions, cent trente-huit millions, trois cent neuf millions, six cent quatre millions, huit cent quatre-vingt millions, sept cent soixante-douze millions, cinq cent cinquante-cinq millions.

162. L'Italie est peuplée de 26 000 000 d'habitants, et la France de 36 000 000. Combien en plus en France ?

163. L'Espagne est peuplée d'environ 15 000 000 d'habitants, l'Angleterre de 35 000 000. Combien en plus en Angleterre ?

164. Combien faut-il de billets de mille francs pour faire un million ? — pour faire cinq millions ?

NOMBRES QUI CONTIENNENT DES MILLIONS, DES MILLE ET DES UNITÉS SIMPLES

57. Pour former les nombres qui contiennent des millions, des mille et des unités, je place entre deux millions qui se suivent les neuf cent quatre-vingt-dix-neuf mille neuf cent quatre-vingt-dix-neuf premiers nombres.

Pour les écrire, je mets ces neuf cent quatre-vingt-dix-neuf mille neuf cent quatre-vingt-dix-neuf premiers nombres à la place des six zéros. Cependant je laisse un ou plusieurs zéros lorsqu'un ou plusieurs ordres manquent.

58. DIFFÉRENTS NOMBRES ENTRE 1 000 000 ET 1 000 000 000.

Cinq millions cent douze mille trois cent quinze.	5 112 315
Dix-neuf millions quatre cent sept.	19 000 407
Cent vingt millions six cent mille trois.	120 600 003
Sept cent treize millions cent douze mille cent seize	713 112 116
Trente-trois millions trente-six mille vingt-neuf.	33 036 029
Huit cent millions cinq mille sept cents.	800 005 700

EXERCICES ORAUX

165. Exercices d'ensemble. — Nommez chaque chiffre des nombres contenus dans le tableau ci-dessus, avec le nom de l'unité de son ordre : *cinq millions, une centaine de mille,* etc.

166. Lisez de même, de droite à gauche : *cinq unités, une dizaine,* etc. — Lisez ensuite les nombres sans les décomposer.

Mêmes exercices pour les nombres ci-dessous :

167.	**168.**	**169.**	**170.**
8 147 356	16 524 398	795 038 405	8 014 005
29 730 009	4 531 808	647 375 218	540 761 954

171. Écrivez au tableau noir trois nombres de sept chiffres; décomposez et lisez ces nombres comme ci-dessus. — Écrivez et lisez de même trois nombres de huit chiffres ; — trois nombres de neuf chiffres.

EXERCICES ÉCRITS

172. Écrivez en chiffres les nombres suivants : huit millions soixante cinq mille quarante-neuf unités; — trente six millions cinq cent seize mille trois cent soixante et onze unités; — quatre cent dix-huit millions neuf cent vingt-quatre mille trois cent cinquante unités; — six millions six mille six unités.

173. Écrivez en chiffres les nombres suivants : cinquante-neuf millions cent vingt mille six cent trente-trois unités; — six cent cinquante mille huit cent quarante-quatre unités; — neuf cent quatre-vingt-dix-neuf millions neuf cent quatre-vingt-dix-neuf mille neuf cent quatre-vingt-dix-neuf unités.

BILLIONS ou MILLIARDS.

59. La réunion de mille millions forme un **billion** ou **milliard.**

60. Je compte par milliards comme j'ai compté par unités simples, par mille, par millions.

61. Les milliards forment la **quatrième classe** d'unités.

62. Les unités de milliards sont les **unités du dixième ordre**, etc.

63. Pour écrire les milliards, je place neuf zéros à droite de la quantité de milliards :

Un milliard	1 000 000 000
Deux milliards	2 000 000 000
. . . .	. . . .
Cinq milliards	5 000 000 000

Les nombres qui renferment des milliards, des millions, des

mille et des unités simples se forment et s'écrivent en suivant les règles précédentes. Exemple :

Cinq milliards trois cent vingt millions six mille quatre cents unités 5 320 600 400

On pourrait compter plus loin que les milliards, de la même manière que l'on a compté jusqu'ici ; mais on n'a presque jamais besoin d'employer de plus grands nombres.

EXERCICES ÉCRITS

174. Écrivez en chiffres les nombres suivants : cinq mille quatre unités ; — douze mille neuf cent huit unités ; — quatre millions trois cent mille quatorze unités ; — huit milliards deux cent seize millions six cent trente mille sept unités ; — treize mille soixante unités.

Écrivez en toutes lettres les nombres suivants :

175.	40 900	**176.**	315 612 309	**177.**	2 628 000 907
	172 008		32 406 720		28 615 729 395
	600 420		9 380 630		6 000 920 004

178. Écrivez en chiffres les nombres suivants : sept cent vingt unités ; — quatre millions vingt-huit mille dix unités ; — neuf milliards cinq cent millions huit cents unités ; — soixante mille soixante unités ; — treize millions soixante-dix mille quatre cent treize unités ; — vingt milliards quatre-vingt millions sept cents unités.

Écrivez en toutes lettres les nombres suivants :

179.	16 400	**181.**	496 500 033	**183.**	840 918 003
	3 740 927		5 000 879 525		5 300 007 014
	630 580		1 847 652 344		75 130 002
180.	7 412 000 100	**182.**	530 816	**184.**	291 315
	86 900 076		80 945		17 143 008
	12 040 040		7 625 312		211 539 476

TROISIÈME MOIS

Sommaire. — Résumé de la Numération : Nombres entiers, ordres, classes, chiffres, emploi du zéro ; comment on lit et on écrit un nombre. — Exercices oraux et écrits. — Nombres décimaux : dixièmes, centièmes, millièmes... — Comment on écrit les nombres décimaux. — Déplacement de la virgule dans un nombre décimal. — Exercices oraux et écrits. — Chiffres romains.

RÉSUMÉ DE LA NUMÉRATION

64. Nombres entiers. — Les nombres dont il a été

question jusqu'ici ne contiennent que des unités **entières**; on les a appelés, pour cette raison, **nombres entiers.**

65. Ordres. — Il faut *dix* unités du **premier ordre** pour faire *une* unité du **second ordre**; il faut *dix* unités du *second ordre* pour faire *une* unité du **troisième**, etc.

66. Classes. — Les *trois* premiers *ordres* forment la **première classe** d'unités; les *trois ordres* suivants, la **deuxième classe**; les *trois* suivants, la **troisième classe.**

67. Chiffres. — Tout **chiffre** placé à la *gauche* d'un autre représente des unités *dix fois* plus fortes, c'est-à-dire des unités de l'ordre qui est immédiatement au-dessus.

68. Emploi du zéro. — Le chiffre **zéro** n'a aucune valeur; il sert seulement à remplacer les ordres d'unités qui manquent dans un nombre.

69. Lire un nombre. — Pour lire un nombre, on le partage en **tranches** de trois chiffres à partir de droite; ces tranches représentent les classes d'unités, *unités simples*, *mille*, *millions*, *milliards;* puis on lit chaque tranche séparément, en commençant par la première à gauche.

70. Écrire un nombre. — On écrit un nombre comme on le lit, en commençant par la tranche des unités les plus élevées, et on a soin de *remplacer par des zéros* les ordres qui peuvent manquer.

71. TABLEAU DES ORDRES ET DES CLASSES D'UNITÉS.

4e classe. Milliards.			3e classe. Millions.			2e classe. Mille.			1re classe. Unités simples.		
C	D	U	C	D	U	C	D	U	C	D	U
12e ord.	11e ord.	10e ord.	9e ord.	8e ord.	7e ord.	6e ord.	5e ord.	4e ord.	3e ord.	2e ord.	1er ord.

EXERCICES ORAUX

185. Questions. — Combien faut-il d'unités simples pour faire une dizaine? — de dizaines pour faire une centaine? etc.

186. Combien faut-il de dizaines pour faire un mille? — de centaines d'unités simples pour faire une centaine de mille ? — de mille pour faire un million ? etc.

187. A quoi sert le zéro dans un nombre ? — Comment lit-on un nombre écrit en chiffres ? — Comment écrit-on en chiffres un nombre quelconque ?

188. **Exercices d'ensemble.** — Lisez de gauche à droite chacun des chiffres des nombres suivants, en lui donnant le nom de l'unité de son ordre : 7 329 471, 536 829, 31 420 696, 732 970 400.

189. 2 924 637 285, 620 000 736, 14 019 056 035, 21 185 613.

190. 6 009 005, 298 436 019, 725 347, 9 042 537 640.

191. Lisez de même chacun des chiffres des nombres ci-dessus, de droite à gauche.

192. Lisez les nombres ci-dessus sans les décomposer.

EXERCICES ÉCRITS

Écrivez les exercices suivants, et remplacez chaque tiret par le numéro de l'ordre demandé :

193. Les unités de millions sont les unités du —ième ordre.
Les unités de mille sont les unités du —ième ordre.

194. Les dizaines de millions sont les unités du —ième ordre.
Les centaines de mille sont les unités du —ième ordre.

195. Les unités de milliards sont les unités du —ième ordre.
Les centaines de millions sont les unités du —ième ordre.

196. Écrivez en chiffres les nombres suivants : sept milliards cent trois millions cinq cent vingt mille douze unités; — cinq milliards trois cent trente-huit mille deux cent quatre-vingt-dix unités.

197. Écrivez en chiffres les nombres suivants : cinquante et un mille huit cents unités; — trente-deux millions huit mille trois cent quinze unités; — cent neuf millions huit cent quarante unités; — dix milliards six cent cinquante-quatre millions trois mille.

198. Écrivez en toutes lettres les nombres suivants : 5 920 630 014, 43 000 016 724, 19 340 000 826, 9 426 717.

199. 38 416 121 734, 8 000 000 726, 318 516 000.

NOMBRES DÉCIMAUX

72. Je partage une unité simple en dix parties égales :

Chacune de ces parties est *un dixième* que j'écris 0,1
Deux de ces parties font *deux dixièmes* — 0,2
Trois de ces parties font *trois dixièmes* — 0,3
Etc.

73. Je partage un dixième en dix parties égales :

Chacune de ces parties forme *un centième* que j'écris 0,01

Deux de ces parties font *deux centièmes* — 0,02
Trois de ces parties font *trois centièmes* — 0,03
Etc.

74. Je partage un centième en dix parties égales :
Chacune de ces parties forme *un millième* que j'écris 0,001
Deux de ces parties font *deux millièmes* — 0,002
Trois de ces parties font *trois millièmes* — 0,003
Etc.

RÈGLE DIVISÉE EN DIX DIXIÈMES, CHAQUE DIXIÈME EN DIX CENTIÈMES.

Il y a en tout 100 centièmes.

75. Un millième partagé en dix parties égales forme des *dix-millièmes;* j'écris un dix-millième 0,0001

76. Un dix-millième partagé en dix parties égales forme des *cent-millièmes;* j'écris un cent-millième 0,00001

77. *Une unité simple* vaut *dix* dixièmes ou *cent* centièmes, ou *mille* milièmes, ou *dix mille* dix-millièmes, ou *cent mille* cent-millièmes, ou *un million* de millioniėmes.

78. Fractions décimales. — Ces nombres, de dix en dix fois *plus petits* que l'unité, se nomment parties décimales ou **fractions décimales**.

79. Nombres décimaux. — Quand quelques-unes de ces parties sont jointes à un nombre entier, le tout forme un **nombre décimal**. Exemples :

Cinq unités quatre dixièmes que j'écris 5,4
Trois unités dix-huit millièmes — 3,018

80. Dans un nombre décimal, **une virgule est toujours nécessaire** pour séparer la *partie entière* de la *partie décimale*.

81. Les **dixièmes** se placent au **premier rang** à droite de la virgule;

82. Les **centièmes** se placent au **second rang** à droite de la virgule;

83. Les **millièmes** se placent au **troisième rang** à droite de la virgule; etc.

84. Le *zéro* remplace les ordres qui manquent.

85. DIFFÉRENTS NOMBRES DÉCIMAUX ET FRACTIONS DÉCIMALES.

Neuf *unités* trente-cinq *centièmes*.	9,35
Quinze *unités* cinquante-trois *millièmes*	15,053
Neuf *dixièmes*.	0,9
Huit *centièmes*.	0,08
Neuf cent douze *dix-millièmes*	0,0912
Vingt *unités* six mille cent deux *cent-millièmes*. . .	20,06102
Deux *unités* quarante *millièmes*.	2,040
Six *millièmes*	0,006

EXERCICES ORAUX

200. Exercices d'ensemble. — Lisez un à un, de gauche à droite, chacun des chiffres des nombres compris dans le tableau ci-dessus, en lui donnant le nom de l'ordre d'unité qu'il représente ; lisez ensuite de droite à gauche, puis lisez les nombres sans les décomposer.

Faites les mêmes exercices sur les nombres suivants :

201.	4,71	**202**	18,345	**203.**	0,009	**204.**	0,00045
	0,7492		0,0536		0,261		29,684
	0,068		8,9		0,073		0,0735

205. Questions. — Qu'est-ce qu'une fraction décimale ? — un nombre décimal ? — Combien une unité vaut-elle de dixièmes ? — de centièmes? — de cent-millièmes ?

206. Combien faut-il de centièmes pour faire un dixième ? — de millièmes pour faire un centième ? etc.

207. Combien deux unités valent-elles de dixièmes ? — Combien cinq unités valent-elles de centièmes? — de millièmes ? etc.

208. Écrivez au tableau un nombre décimal comprenant des centièmes ; un autre comprenant des dix-millièmes ; un autre comprenant des cent-millièmes, etc.

EXERCICES ÉCRITS

Écrivez l'exercice suivant, en remplaçant chaque tiret par le numéro du rang :

209. Les dixièmes se placent au — rang à droite de la virgule.
Les millièmes se placent au — rang à droite de la virgule.

210. Les centièmes se placent au — rang à droite de la virgule.
Les dix-millièmes se placent au — rang à droite de la virgule.

Écrivez en chiffres les nombres suivants :

211. Cinq *unités* cent trente-six *millièmes*.
212. Trois *unités* neuf *centièmes*.
213. Neuf *unités* treize *millièmes*.
214. Quatorze *unités* dix-huit *dix-millièmes*.
215. Six cent cinquante-neuf *cent-millièmes*.
216. Vingt-quatre *millièmes*.
217. Six mille cent quarante-neuf *dix-millièmes*.
218. Quatre *millièmes*.
219. Trente *unités* sept *dixièmes*.
220. Une *unité* vingt-cinq *millièmes*.
221. Trois *unités* cinq cent soixante-dix-sept *dix-millièmes*.

Écrivez séparément chaque chiffre des nombres suivants, avec le nom de l'unité qu'il représente. Exemple : 3 *unités*, 1 *dixième*, 9 *centièmes*, etc.

222. 3,196
2,84
223. 0,6723
0,009

224. 4,3708
0,06549
225. 8,045
12,8

226. 15,32
0,6744
227. 0,02856
0,047205

DÉPLACEMENT DE LA VIRGULE

86. Pour convertir un nombre décimal en dixièmes, on porte la virgule *à droite* du chiffre des dixièmes.

Pour convertir un nombre décimal en centièmes, on porte la virgule *à droite* du chiffre des centièmes.

Pour convertir un nombre décimal en millièmes, on porte la virgule *à droite* du chiffre des millièmes... Etc.

Exemples :
3 unités 53 valent 35 dixièmes 3 ou 353 centièmes.
5 unités 128 valent 512 centièmes 8 ou 5128 millièmes.
0 unité 9635 valent 9 dixièmes 635 ou 96 centièmes 35, ou 9635 dix-millièmes.

87. Pour convertir des unités en dixièmes, on écrit **un zéro** à droite.

Pour convertir des unités en centièmes, on écrit **deux zéros** à droite.

Pour convertir des unités en millièmes, on écrit **trois zéros** à droite... Etc.

Exemples :

4 unités valent 40 dixièmes ou 400 centièmes, ou 4000 millièmes.

27 unités valent 270 dixièmes ou 2700 centièmes, ou 27000 millièmes.

EXERCICES ORAUX

228. Questions. — Comment changez-vous un nombre décimal en dixièmes ? — en centièmes ? — en millièmes ? — Comment changez-vous des unités en dixièmes ? — en millièmes ? etc.

229. Combien le nombre 4 unités 517 millièmes vaut-il de dixièmes ? — de centièmes ? — de millièmes ? — Combien 7 unités valent-elles de dixièmes ? — de millièmes ? etc.

Exercices d'ensemble. — Lisez ensemble en dixièmes, puis en centièmes, puis en millièmes, les nombres suivants :

230.		**231.**		**232.**		**233.**	
	6,329		4,745		2,018		1,6
	0,460		0,618		5,704		7,93
	19,673		26,407		0,852		30,8

EXERCICES ÉCRITS

234. Écrivez en centièmes (en chiffres) les nombres suivants : six *unités* vingt-huit *centièmes*, quatre *unités* dix-sept *millièmes*, onze *unités* cent neuf *dix-millièmes*, cinq cent quarante-quatre *millièmes*.

Écrivez en dixièmes les nombres suivants :

235.		**236.**		**237.**		**238.**	
	5,48		13,76		7,50		27,4
	19,308		0,631		0,16		0,82
	8,65		9,82		36,54		6,25

239. Écrivez en centièmes, puis en millièmes les nombres suivants :

82 76 543 9 78 405 39 4

240. Écrivez en millièmes, puis en dix-millièmes les nombres suivants :

3,4 7,61 6,32 8,3 9,4 5,12 8,57 6,9

CHIFFRES ROMAINS

88. On emploie encore, dans certains cas, les chiffres dont se servaient autrefois les Romains et qui sont au nombre de sept :

Chiffres romains.	I	V	X	L	C	D	M
Valeurs.	1	5	10	50	100	500	1000

TABLEAU DES NOMBRES ÉCRITS EN CHIFFRES ROMAINS.

I.	1	XV.	15	XXIX.	29
II	2	XVI	16	XXX.	30
III.	3	XVII.	17	XXXI.	31
IV (5 moins 1)*	4	XVIII	18	XL	40
V	5	XIX	19	XLIV.	44
VI (5 plus 1). .	6	XX.	20	L.	50
VII	7	XXI	21	LI.	51
VIII.	8	XXII.	22	LXXXIX	89
IX (10 moins 1).	9	XXIII	23	C.	100
X.	10	XXIV	24	CXXIV	124
XI (10 plus 1).	11	XXV.	25	CCIX.	209
XII.	12	XXVI	26	CD	400
XIII.	13	XXVII.	27	DLVIII.	558
XIV	14	XXVIII.	28	MDCCCLXXIX.	1879

EXERCICES ÉCRITS

Écrivez en chiffres ordinaires les nombres suivants :

241. I III IV V VII IX XI XIII.
242. XIV XVI XIX XVIII XV XXIV XXIII.
243. XXIX XXVIII XXXIV XXXIX XL XLIII LVII.

244. Dites l'heure marquée par chacun des cadrans ci-dessous :

Écrivez les exercices suivants et mettez les nombres en toutes lettres.

245. Philippe VI, Louis VII, Charles VIII, Charles IX, Louis X.
246. Louis XIII, Louis XIV, Louis XV, Louis XVI, Louis XVIII.
247. Chapitre XXIII, chapitre XXXIX, paragraphe XII, XIXe siècle.
248. VIIIe siècle, chapitre XLI, paragraphe VI, XXe siècle.

* Sur les cadrans d'horloge, on écrit généralement IIII et non IV.

QUATRIÈME MOIS

Sommaire. — Ce que c'est que l'Addition. — Addition mentale de deux nombres d'un seul chiffre. — Addition mentale de dizaines, de centaines, de mille. — Exercices oraux et écrits. — Addition mentale d'un nombre de plusieurs chiffres avec un nombre d'un seul. — Additions par analogie. — Addition écrite de plusieurs nombres. — Addition des nombres décimaux. — Exercices oraux et écrits; problèmes.

ADDITION

89. J'avais 4 plumes; j'en achète 3 autres, puis 2 autres encore; pour savoir combien j'ai de plumes en tout, je réunis les trois nombres 4, 3 et 2, dont l'ensemble est 9 : je fais ainsi

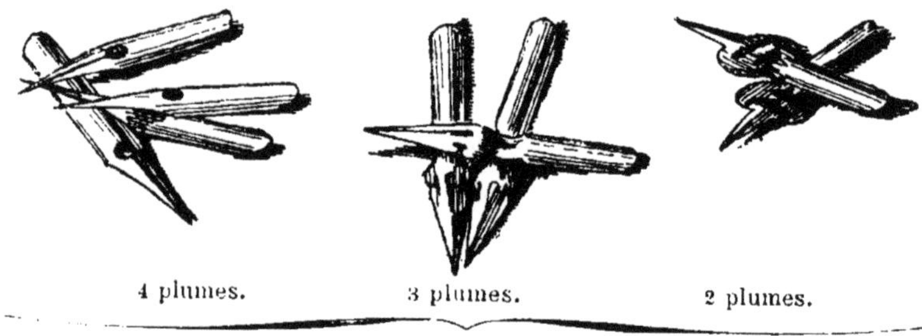

4 plumes. 3 plumes. 2 plumes.

Total : 9 plumes.

une **addition.** *Additionner* signifie **réunir, faire un ensemble.**

90. Addition. — L'addition a pour but de réunir plusieurs nombres de même espèce en un seul.

91. L'ensemble des nombres additionnés s'appelle **somme** ou **total.**

92. Le signe de l'addition est le signe + (qu'on prononce *plus*) ; on le place entre les nombres à additionner. Ainsi, pour indiquer que l'on doit additionner les nombres 4, 3 et 2, on écrit 4 + 3 + 2.

ADDITION DE DEUX NOMBRES D'UN SEUL CHIFFRE

93. L'addition de deux nombres d'un seul chiffre se fait de tête; il faut pouvoir en trouver la somme immédiatement. On remarquera tout d'abord que 3 + 5 ou 5 + 3 font la même somme; 1 + 4 ou 4 + 1 font la même somme, etc.

94. TABLEAU A APPRENDRE PAR CŒUR.

2	et	1	font	3	3	et	1	font	4	4	et	1	font	5
2	—	2	—	4	3	—	2	—	5	4	—	2	—	6
2	—	3	—	5	3	—	3	—	6	4	—	3	—	7
2	—	4	—	6	3	—	4	—	7	4	—	4	—	8
2	—	5	—	7	3	—	5	—	8	4	—	5	—	9
2	—	6	—	8	3	—	6	—	9	4	—	6	—	10
2	—	7	—	9	3	—	7	—	10	4	—	7	—	11
2	—	8	—	10	3	—	8	—	11	4	—	8	—	12
2	—	9	—	11	3	—	9	—	12	4	—	9	—	13

EXERCICES ORAUX

249. Exercices d'ensemble. — Lisez de haut en bas la 1re colonne du tableau ci-dessus, en répétant deux fois la même ligne. — Lisez de même cette colonne de bas en haut.

250. Questions. — Combien font 2 et 3? 2 et 6? 2 et 7? 2 et 5? 2 et 8? 2 et 4? 2 et 9? 2 et 2?

251. Exercices d'ensemble. — Lisez ensemble ce qui suit, en remplaçant le tiret par le nombre convenable : 2 et — font 7; 2 et — font 6; 2 et — font 11; 2 et — font 8; 2 et — font 10; 2 et — font 9.

252. Lisez ensemble la 2e colonne du tableau ci-dessus de la même manière que vous avez lu la première.

253. Questions. — Combien font 2 et 3? 3 et 5? 3 et 8? 3 et 4?

254. Exercices d'ensemble. — Lisez ensemble ce qui suit, en remplaçant le tiret par le nombre convenable : 3 et — font 6; 3 et — font 8; 3 et — font 10; 3 et — font 7; 3 et —font 9; 3 et font — 12.

255. Lisez la troisième colonne du tableau ci-dessus comme vous avez lu les deux autres.

256. Lisez en remplaçant le tiret : 4 et — font 7; 4 et — font 9; 4 et — font 12; 4 et — font 11; 4 et — font 10.

257. Questions. — Combien font 4 et 2? 4 et 4? 4 et 6? etc.

EXERCICES ÉCRITS ET PROBLÈMES

258. Effectuez de tête les additions suivantes, et indiquez-en les sommes :

259. 3 + 8; 4 + 5; 2 + 6; 2 + 9; 3 + 8; 4 + 4; 2 + 5; 4 + 8.
260. 2 + 3; 3 + 6; 3 + 9; 3 + 7; 4 + 6; 4 + 7; 2 + 9; 3 + 5.

261. J'avais 4 bons points ce matin; j'en ai gagné 6 aujourd'hui. Combien en ai-je?

262. Un ouvrier a gagné 3 francs le lundi et 4 francs le mardi. Combien en tout?

263. J'ai donné 2 sous à un pauvre aujourd'hui, et j'ai dépensé 7 sous pour mon déjeuner. Quelle est ma dépense totale?

264. J'ai mangé 3 prunes à mon déjeuner et 6 à mon dîner. Combien en tout?

265. Il y a 4 arbres au milieu d'une cour et 9 autour. Combien d'arbres en tout?

ADDITION DES DIZAINES

95. Les dizaines s'additionnent comme les unités simples :

20	et	10	font 30	30	et	10	font 40	40	et	10	font 50
20	—	20	— 40	30	—	20	— 50	40	—	20	— 60
20	—	30	— 50	30	—	30	— 60	40	—	30	— 70
20	—	40	— 60	30	—	40	— 70	40	—	40	— 80
20	—	50	— 70	30	—	50	— 80	40	—	50	— 90
20	—	60	— 80	30	—	60	— 90	40	—	60	— 100
20	—	70	— 90	30	—	70	— 100	40	—	70	— 110
20	—	80	— 100	30	—	80	— 110	40	—	80	— 120
20	—	90	— 110	30	—	90	— 120	40	—	90	— 130

EXERCICES ORAUX

266. Exercices d'ensemble. — Lisez de haut en bas, puis de bas en haut chacune des colonnes du tableau ci-dessus.

267. Questions. — Combien font 20 et 30? 20 et 20? 20 et 50? 30 et 20? 30 et 30? 30 et 70? 20 et 80? 40 et 40? etc.

268. Exercices d'ensemble. — Lisez ensemble ce qui suit, en remplaçant le tiret par le nombre convenable : 20 et — font 40 ; 20 et — font 50 ; 30 et — font 60 ; 40 et — font 60 ; 30 et — font 80.

EXERCICES ÉCRITS ET PROBLÈMES

Effectuez de tête les additions suivantes, et indiquez-en le total :

269. 30 + 80 ; 40 + 40 ; 30 + 50 ; 20 + 60 ; 10 + 70 ; 40 + 70.
270. 20 + 90 ; 30 + 60 ; 40 + 20 ; 30 + 90 ; 40 + 90 ; 20 + 80.

271. Mon père a gagné 40 francs le mois dernier et 60 francs ce mois-ci. Combien a-t-il gagné dans les deux mois ?

272. Deux poiriers ont produit l'un 30 poires, l'autre 40. Combien de poires en tout ?

273. On a mis 40 plumes dans une boîte qui en contenait déjà 80. Combien en contient-elle maintenant ?

96. TABLEAU A APPRENDRE PAR CŒUR.

5	et	1	font	6	6	et	1	font	7	7	et	1	font	8
5	—	2	—	7	6	—	2	—	8	7	—	2	—	9
5	—	3	—	8	6	—	3	—	9	7	—	3	—	10
5	—	4	—	9	6	—	4	—	10	7	—	4	—	11
5	—	5	—	10	6	—	5	—	11	7	—	5	—	12
5	—	6	—	11	6	—	6	—	12	7	—	6	—	13
5	—	7	—	12	6	—	7	—	13	7	—	7	—	14
5	—	8	—	13	6	—	8	—	14	7	—	8	—	15
5	—	9	—	14	6	—	9	—	15	7	—	9	—	16

EXERCICES ORAUX

274. Exercices d'ensemble. — Lisez le tableau ci-dessus comme les précédents.

275. Questions. — Combien font 5 et 4 ? 5 et 7 ? 5 et 8 ? 6 et 4 ? 6 et 9 ? 7 et 2 ? 7 et 3 ? 7 et 7 ? etc.

276. Combien font 50 et 40 ? 50 et 70 ? 50 et 80 ? 60 et 40 ? etc.

EXERCICES ÉCRITS

Effectuez les additions suivantes, et indiquez-en le total :

277. 5 + 5 ; 5 + 8 ; 7 + 9 ; 7 + 5 ; 6 + 3 ; 6 + 9 ; 6 + 2 ; 5 + 3.
278. 7 + 7 ; 6 + 8 ; 5 + 9 ; 7 + 6 ; 6 + 7 ; 5 + 8 ; 4 + 9 ; 3 + 9.
279. 60 + 50 ; 40 + 80 ; 50 + 90 ; 60 + 70.
280. 70 + 40 ; 70 + 50 ; 70 + 20 ; 50 + 10.

281. Écrivez l'exercice suivant, en remplaçant chaque tiret par le nombre convenable : 5 et — font 8 ; 6 et — font 12 ; 7 et — font 11 ; 5 et — font 13 ; 5 et — font 12 ; 7 et — font 16 ; 7 et — font 8 ; 6 et — font 10.

282. J'ai gagné 6 billes hier et 8 aujourd'hui. Combien en tout?

283. Georges avait 7 sous dans son porte-monnaie; il en reçoit 5 autres de son parrain. Combien en a-t-il maintenant?

284. On a mis 70 litres de vin dans un tonneau qui en contenait déjà 60. Combien y en a-t-il maintenant?

ADDITION DES CENTAINES

97. Les centaines s'additionnent comme les unités simples:

500	et	100	font 600	600	et	100	font 700	700	et	100	font 800
500	—	200	— 700	600	—	200	— 800	700	—	200	— 900
500	—	300	— 800	600	—	300	— 900	700	—	300	—1000
500	—	400	— 900	600	—	400	—1000	700	—	400	—1100
500	—	500	—1000	600	—	500	—1100	700	—	500	—1200
500	—	600	—1100	600	—	600	—1200	700	—	600	—1300
500	—	700	—1200	600	—	700	—1300	700	—	700	—1400
500	—	800	—1300	600	—	800	—1400	700	—	800	—1500
500	—	900	—1400	600	—	900	—1500	700	—	900	—1600

EXERCICES ORAUX

285. Exercices d'ensemble. — Lisez de haut en bas, puis de bas en haut chacune des colonnes du tableau ci-dessus.

286. Questions. — Combien font 500 et 600? 700 et 400? etc.

EXERCICES ÉCRITS

287. Remplacez le tiret par le nombre convenable : 600 et — font font 1200; 500 et — font 900; 700 et — font 1 000; 500 et — font 800.

288. Un ouvrier laborieux a économisé 500 francs dans une année et 700 francs dans une autre. Quel est le total de ses économies?

98. TABLEAU A APPRENDRE PAR CŒUR.

8	et	1	font	9	9	et	1	font	10
8	—	2	—	10	9	—	2	—	11
8	—	3	—	11	9	—	3	—	12
8	—	4	—	12	9	—	4	—	13
8	—	5	—	13	9	—	5	—	14
8	—	6	—	14	9	—	6	—	15
8	—	7	—	15	9	—	7	—	16
8	—	8	—	16	9	—	8	—	17
8	—	9	—	17	9	—	9	—	18

EXERCICES ORAUX

289. Exercices d'ensemble. — Lisez le tableau ci-dessus comme vous avez lu les précédents.

290. Questions. — Combien font 8 et 2? 8 et 6? 8 et 9? 8 et 3? 8 et 5? 9 et 4? 9 et 2? 9 et 7? 9 et 9? etc.

291. Combien font 80 et 60? 80 et 20? 90 et 30? 90 et 90? etc.

EXERCICES ÉCRITS

Effectuez les additions suivantes, et indiquez-en les résultats.

292. 8 + 7; 8 + 6; 8 + 4; 9 + 7; 9 + 5; 8 + 3; 8 + 9; 9 + 2.

293. 9 + 4; 8 + 2; 7 + 3; 6 + 4; 5 + 5; 3 + 7; 2 + 8; 8 + 8.

294. 80 + 70; 80 + 60; 90 + 40; 80 + 40; 90 + 50; 80 + 30.

295. 500 + 600; 700 + 900; 900 + 800; 800 + 300; 700 + 400.

296. Écrivez l'exercice suivant, et remplacez chaque tiret par le nombre convenable : 8 et — font 14; 8 et — font 11; 9 et — font 15; 9 et — font 13; 80 et — font 160; 90 et — font 180; 90 et — font 110.

297. Mon père avait 9 chevaux; il en achète 7 autres. Combien en a-t-il maintenant?

298. Dans une rangée d'arbres, je compte 8 arbres, dans une autre 6. Combien d'arbres dans les deux rangées?

299. Un employé a gagné 90 francs dans le mois de décembre; il a reçu en outre 30 francs d'étrennes. Combien a-t-il eu en tout?

ADDITION DES MILLE

99. Les mille s'additionnent comme les unités simples :

8000	et	1000	font	9000	9000	et	1000	font	10000
8000	—	2000	—	10000	9000	—	2000	—	11000
8000	—	3000	—	11000	9000	—	3000	—	12000
8000	—	4000	—	12000	9000	—	4000	—	13000
8000	—	5000	—	13000	9000	—	5000	—	14000
8000	—	6000	—	14000	9000	—	6000	—	15000
8000	—	7000	—	15000	9000	—	7000	—	16000
8000	—	8000	—	16000	9000	—	8000	—	17000
8000	—	9000	—	17000	9000	—	9000	—	18000

EXERCICES ORAUX

300. Exercices d'ensemble. — Lisez le tableau ci-dessus comme vous avez lu les précédents.

301. Questions. — Combien font 8 000 et 7 000? 9 000 et 5 000? etc.

EXERCICES ÉCRITS

302. Remplacez le tiret par le nombre convenable : 9 000 et — font 12 000 ; 8 000 et — font 14 000 ; 8 000 et — font 16 000.

303. Une route est divisée en deux parties : l'une a 6 000 mètres de longueur, l'autre 8 000 mètres. Quelle est la longueur de cette route ?

304. Un homme a hérité d'une maison valant 8 000 francs et d'une pièce de terre valant 4 000 francs. Quelle est la valeur de son héritage.

ADDITION D'UN NOMBRE DE PLUSIEURS CHIFFRES AVEC UN NOMBRE D'UN SEUL CHIFFRE

100. Cette addition se fait de tête, comme les précédentes ; par la pratique, l'habitude, on arrive à trouver sans hésiter la somme de deux nombres dont l'un n'a qu'un chiffre. *On se base sur l'addition de deux nombres d'un seul chiffre* : sachant que 7 et 5 font 12, je sais aussi que 17 et 5 font 22 ; 27 et 5, 32 ; 37 et 5, 42 ; etc.

101. TABLEAU D'ADDITIONS ANALOGUES.

1 et 4 font 5	7 et 6 font 13	9 et 9 font 18	3 et 5 font 8
11 — 4 — 15	17 — 6 — 23	19 — 9 — 28	13 — 5 — 18
21 — 4 — 25	27 — 6 — 33	29 — 9 — 38	23 — 5 — 28
31 — 4 — 35	37 — 6 — 43	39 — 9 — 48	33 — 5 — 38
41 — 4 — 45	97 — 6 — 103	79 — 9 — 88	83 — 5 — 88
71 — 4 — 75	187 — 6 — 193	289 — 9 — 298	173 — 5 — 178
381 — 4 — 385	867 — 6 — 873	759 — 9 — 768	553 — 5 — 558
1261 — 4 — 1265	3437 — 6 — 3443	4899 — 9 — 4908	2403 — 5 — 2408

EXERCICES ORAUX

305. Exercices d'ensemble. — Lisez de haut en bas, puis de bas en haut, chacune des colonnes du tableau ci-dessus, en répétant deux fois la même ligne. (On peut imaginer d'autres tableaux de ce genre.)

306. Questions. — Combien font 6 et 3 ? 16 et 3 ? 26 et 3 ? etc.

307. Combien font 8 et 4 ? 18 et 4 ? 28 et 4 ? 48 et 4 ? 88 et 4 ?

308. Combien font 5 litres et 7 litres ? 15 francs et 7 francs ? 25 mètres et 7 mètres ?

EXERCICES ÉCRITS ET PROBLÈMES

309. Écrivez l'exercice suivant, en remplaçant chaque tiret par le nombre convenable : 3 et 8 font — ; 13 et 8 font — ; 33 et 8 font — ; 73 et 8 font — ; 143 et 8 font — ; 6 783 et 8 font — ; 22 953 et 8 font —.

310. Faites de même pour l'exercice suivant : 4 et — font 7; 14 et — font 17; 24 et — font 27; 64 et — font 67; 144 et — font 147.

311. Une école comprend 2 classes; dans la première, il y a 70 élèves; dans la seconde, 120. Combien d'élèves dans toute l'école?

312. Il y a 176 jours que l'année est commencée. Combien y aura-t-il de jours quand il se sera écoulé encore une semaine?

313. Il est deux heures et 22 minutes. Quelle heure sera-t-il dans 5 minutes?

314. Un enfant est né cette année. En quelle année aura-t-il 9 ans?

ADDITION DE PLUSIEURS NOMBRES D'UN SEUL CHIFFRE

102. L'addition de plusieurs nombres d'un seul chiffre se fait de tête comme celles des deux cas précédents, dont elle est la combinaison.

103. TABLEAU DES NOMBRES DE 3 EN 3, DE 4 EN 4 ET DE 5 EN 5, EN PARTANT DE 1.

1	4	7	10	13	16	19	22	25	28	31	34	37	40
	43	46	49	52	55	58	61	64	67	70	73	76	79
	82	85	88	91	94	97	100						
1	5	9	13	17	21	25	29	33	37	41	45	49	53
	57	61	65	69	73	77	81	85	89	93	97	101	
1	6	11	16	21	26	31	36	41	46	51	56	61	66
	71	76	81	86	91	96	101						

EXERCICES ORAUX

315. Exercices d'ensemble. — Lisez la table des nombres de 3 en 3, en partant de 1; puis à rebours, en partant de 100 jusqu'à 1.

316. Lisez la table des nombres de 3 en 3, en partant de 2. (Il suffit d'ajouter 1 à chacun des nombres de la table.)

317. Lisez la table des nombres de 4 en 4, en partant de 1; puis la même table en partant de 2.

318. Lisez la table des nombres de 5 en 5, en partant de 1; puis la même table en partant de 2.

EXERCICES ÉCRITS

319. Construisez la table des nombres de 4 en 4, en partant de 3 : 3 7 11 15, etc., jusqu'à 119.

320. Construisez la table des nombres de 5 en 5, en partant de 3 : 3 8 13 18, etc., jusqu'à 118.

321. Construisez la table des nombres de 5 en 5, en partant de 4 : 4 9 14, etc., jusqu'à 119.

104. TABLEAU DES NOMBRES DE 6 EN 6, DE 7 EN 7, DE 8 EN 8, DE 9 EN 9, EN PARTANT DE 0.

6	12	18	24	30	36	42	48	54	60
66	72	78	84	90	96	102	108	114	120
7	14	21	28	35	42	49	56	63	70
77	84	91	98	105	112	119	126	133	140
8	16	24	32	40	48	56	64	72	80
88	96	104	112	120	128	136	144	152	160
9	18	27	36	45	54	63	72	81	90
99	108	117	126	135	144	153	162	171	180

EXERCICES ORAUX

322. Exercices d'ensemble. — Lisez la table des nombres de 6 en 6, en partant de 0 ; puis en partant de 1. Lisez la même table à rebours.

323. Faites de même pour les tables de 7 en 7, de 8 en 8, de 9 en 9.

324. Additionnez les lignes du tableau ci-dessous, 1° de gauche à droite, 2° de droite à gauche, 3° de haut en bas, 4° de bas en haut, 5° suivant les deux diagonales :

TABLEAU MAGIQUE

3	7	5	6	4
5	6	4	3	7
4	3	7	5	6
7	5	6	4	3
6	4	3	7	5

EXERCICES ÉCRITS ET PROBLÈMES

325. Construisez la table des nombres de 6 en 6, en partant de 2 ; uis en partant de 3.

2 8 14 20, etc., jusqu'à 122.
3 9 15 21, etc., jusqu'à 123.

326. Construisez de même la table des nombres de 7 en 7.

327. Construisez de même la table des nombres de 8 en 8.

328. Construisez de même la table des nombres de 9 en 9.

Effectuez de tête les additions suivantes, et indiquez-en les sommes :

329. 7+3+4+5+6	**335.** 3+6+2+5+9	**341.** 8+4+3+7+5
330. 3+9+5+8+2	**336.** 7+4+6+8+2	**342.** 5+3+9+4+8
331. 9+3+6+7+5	**337.** 6+9+5+7+3	**343.** 2+8+1+5+9
332. 4+7+3+8+6	**338.** 4+8+6+9+3	**344.** 1+4+8+7+6
333. 2+4+9+7+3	**339.** 9+6+3+2+7	**345.** 8+6+5+4+3
334. 8+9+7+6+5	**340.** 5+7+2+9+8	**346.** 6+4+3+8+5

347. Il y a 5 tables dans une classe ; la première table contient 8 élèves, la seconde 7, la troisième 9, la quatrième 6, la cinquième 8. Combien d'élèves dans la classe ?

348. Il y a 7 jours dans une semaine ; combien dans 5 semaines ?

349. Il y a 30 jours dans un mois ; combien dans trois mois ?

350. J'ai 6 plumes dans la main droite et 5 dans la main gauche ; si je mets 3 autres plumes dans la main droite et 8 autres dans la main gauche, combien en aurai-je en tout dans les deux mains ?

351. Calculez ce que coûte l'habillement d'un enfant : chemise 4 francs, pantalon 9 francs, souliers 7 francs, bas 1 franc, gilet 3 francs, blouse 5 francs, chapeau 2 francs.

ADDITION DE DEUX NOMBRES DE DEUX CHIFFRES

105. On additionne de tête en décomposant l'un des nombres en dizaines et unités.

Soit à additionner 45 et 23. Le second nombre 23 étant égal à 20 + 3, je dis : 45 et 20 font 65, et 3 font 68.

Autre exemple : 97 + 39. Je dis 97 et 30 font 127, et 9, 136.

EXERCICES ORAUX

352. Questions. — Comment additionnez-vous deux nombres de deux chiffres ?

353. Combien font 13 et 15 ? 24 et 16 ? 18 et 17 ? 35 et 16 ?

Exercices d'ensemble. — Lisez, et remplacez le tiret par le nombre convenable :

354. 38 et 10 — et 7 — ; 38 et 17, —.
355. 26 et 20 — et 8 — ; 26 et 28, —.
356. 43 et 20 — et 3 — ; 43 et 23, —.
357. 75 et 40 — et 6 — ; 75 et 46, —.

ADDITION DE PLUSIEURS NOMBRES DE PLUSIEURS CHIFFRES

106. Pour additionner des nombres de plusieurs chiffres, je les écris les uns au-dessous des autres de manière que les unités de même ordre se correspondent très-exactement, unités sous unités, dizaines sous dizaines, centaines sous centaines, etc.; puis j'additionne la colonne des unités, la colonne des dizaines, puis celle des centaines, etc. Il y a deux cas à examiner.

1° ADDITION SANS RETENUE

Soit à additionner les nombres 2135, 6321 et 233.

Je dis : 5 unités et 1 unité font 6, et 3 font 9; je pose 9 sous les unités;

3 dizaines et 2 dizaines font 5, et 3 font 8 dizaines; je pose 8 sous les dizaines;

1 centaine et 3 centaines font 4, et 2 font 6 centaines; je pose 6 sous les centaines;

2 mille et 6 mille font 8 mille; je pose 8 sous les mille;

Total 8689 unités.

	2135
	6321
	233
Total	8689

EXERCICES ORAUX

358. Questions. — Comment disposez-vous l'addition de plusieurs nombres de plusieurs chiffres? — Par quelle colonne commencez-vous l'addition? — Effectuez au tableau noir les additions suivantes :

7624 + 135; 327 + 8151; 350 + 2143 + 26.

EXERCICES ÉCRITS ET PROBLÈMES

Faites les additions et les problèmes qui suivent :

359. 403 + 514 + 70
360. 231 + 405 + 132
361. 301 + 241 + 122
362. 201 + 42 + 135
363. 83 + 3104 + 510
364. 56 + 702 + 121
365. 6322 + 13467
366. 25143 + 2826
367. 1315 + 2142 + 241
368. 6210 + 327 + 1212
369. 3431 + 528 + 30
370. 260 + 7412 + 27
371. 74213 + 1322 + 44
372. 419 + 2310 + 150
373. 1234 + 4241 + 113
374. 23009 + 4530 + 1020
375. 2470 + 108 + 20 + 301
376. 122 + 3312 + 400 + 2035
377. 1215 + 3431 + 2340 + 13001
378. 322 + 6311 + 1245 + 41020
379. 2134 + 313 + 22 + 5410
380. 523 + 1061 + 3204 + 4210

381. Un terrain a été divisé en trois lots; le 1er a été vendu 2040 francs; le 2e, 3035 francs; le 3e, 903 francs. Quel est le total de la vente?

382. Une personne a dépensé 34 francs pour un vêtement, 122 francs pour un meuble, et il lui reste encore 441 francs. Combien possédait-elle avant ses achats?

383. Un ouvrier fait le compte de ses journées de travail; il trouve en janvier 21 journées, en février 23, en mars 25, en avril 20. Combien a-t-il travaillé de jours dans ces 4 mois?

384. La première page d'un livre contient 210 mots; la 2e, 345; la 3e, 303. Combien de mots en tout dans les trois premières pages?

385. Un marchand de moutons a vendu une 1re fois 23 moutons; une 2e fois, 142; une 3e fois, 204. Sachant qu'il lui en reste encore 1 230, combien en avait-il avant d'en avoir vendu?

2° ADDITION AVEC RETENUE

107. Lorsque la somme des unités dépasse 9, j'écris les unités sous la colonne des unités, et je retiens les dizaines pour les ajouter à la colonne des dizaines. Je fais de même pour les dizaines, les centaines, etc. A la dernière colonne, j'écris la somme telle que je la trouve.

Soit à additionner les nombres 48, 692 et 385.

Je dis : 8 et 2, 10; et 5, 15 unités; je pose 5 sous les unités, et je retiens 1 dizaine.

1 dizaine de retenue et 4, 5; et 9, 14; et 8, 22; je pose 2 sous les dizaines, et je retiens 2 centaines.

2 centaines de retenue et 6, 8; et 3, 11; je pose 1 sous les centaines, et j'avance 1.

	48
	692
	385
Total	1125

PREUVE DE L'ADDITION

108. Preuve. — On appelle **preuve** d'une opération, une seconde opération que l'on fait pour vérifier le résultat.

La *preuve* de l'addition se fait en additionnant les colonnes de bas en haut.

Preuve	1125
	48
	692
	385
Total	1125

EXERCICES ORAUX

386. Questions. — Que fait-on lorsque la somme d'une colonne dépasse 9? — Combien posez-vous et retenez-vous en 16? — en 23? etc.

387. Écrivez au tableau noir une addition de trois nombres et effectuez-la. (Plusieurs élèves vont tour à tour au tableau.)

388. Comment fait-on la preuve de l'addition?

389. Exercices d'ensemble. — Lisez ce qui suit en remplaçant le tiret par le nombre convenable : en 19, je pose — et retiens — ; en 24, je pose — et retiens — ; en 32, je pose — et retiens —, etc.

EXERCICES ÉCRITS ET PROBLÈMES

Effectuez les additions suivantes, et faites-en les preuves :

390. 7389 + 4735 + 829
391. 3548 + 6438 + 7062
392. 427 + 9852 + 85
393. 3264 + 683 + 729
394. 549 + 3871 + 7629
395. 650807 + 79089 + 6540
396. 7398 + 47299 + 3452
397. 15841 + 730 + 8676

398. 538 + 429 + 76 + 89
399. 68 + 4237 + 65 + 384
400. 903 + 870 + 420 + 682
401. 75 + 83 + 667 + 421
402. 148 + 629 + 7245 + 89
403. 634 + 82695 + 34760
404. 59827 + 63847 + 866
405. 4345 + 392 + 48378

406. 63279 + 473729 + 83726
407. 8275493 + 53478 + 429372
408. 74732 + 9284376 + 574296
409. 59278 + 4347 + 385 + 129384
410. 46361 + 59804 + 603496
411. 296378 + 437 + 9645 + 8724
412. 5489 + 6065 + 52934 + 29
413. 98764 + 3209 + 87764 + 126

414. 248395 + 6372948 + 5347 + 38429 + 62
415. 5194 + 3726 + 84397 + 4092 + 739 + 86
416. 34829 + 594 + 65 + 7298 + 3478 + 429
417. 653 + 87 + 178 + 539 + 427 + 87369 + 4260
418. 970463 + 17246 + 5210 + 904 + 376 + 429 + 87

419. On a acheté une marchandise pour 1 725 francs. Combien faut-il la revendre pour gagner 360 francs ?

420. Dans un verger on a compté 71 pommiers, 145 poiriers et 108 arbres de différentes espèces. Combien y a-t-il d'arbres en tout ?

421. Un enfant a six ans ; quel âge aura-t-il dans 15 ans ?

422. Les années 1878 et 1879 sont ordinaires et comprennent chacune 365 jours ; l'année 1880 est bissextile et comprend 366 jours. Combien de jours dans ces trois années ?

423. Un enfant est né en 1877. En quelle année aura-t-il 18 ans ?

424. Un domestique gagne 320 francs par an, mais on doit l'augmenter de 145 francs chaque année pendant 3 ans. Combien gagnera-t-il au bout de ce temps ?

425. Charlemagne naquit en 742 et mourut à l'âge de 72 ans. En quelle année est-il mort ?

426. Un marchand de verrerie a fait une 1re vente de 1 265 bouteilles pour 245 francs et une 2e vente de 840 bouteilles pour 196 francs. On demande : 1° combien il a vendu de bouteilles; 2° combien il a reçu d'argent pour ces deux ventes.

427. Un épicier a vendu une 1re fois 80 kilogr. de café pour 470 fr. ; une 2e fois, 133 kilogr. pour 675 fr. Combien a-t-il vendu de kilogr. en tout et combien a-t-il reçu ?

428. Dans un marché, il s'est vendu 615 paires de poulets et 183 paires de canards. Combien de têtes de volailles en tout ?

429. Un cultivateur avait 4 paires de bœufs, valant 2 900 fr.; il en achète 3 autres paires pour 2 095 fr. Combien a-t-il de bœufs, et quelle est leur valeur totale ?

430. Un chef de gare a distribué dans une journée 75 billets de 1re classe, ayant produit une recette de 624 fr.; 248 billets de 2e classe, recette : 1 437 fr.; 496 billets de 3e classe, recette : 1 940 fr. Dites le total des voyageurs et celui de la recette.

431. Un homme gagne par mois 128 fr., et sa femme 67 fr. Combien gagnent-ils ensemble dans un trimestre?

432. On a payé une dette avec 3 pièces de 20 fr., 4 pièces de 10 fr., et 5 billets de 100 fr. A combien se montait cette dette?

433. Facture d'un fabricant de meubles :

Vendu une armoire.	140 fr.
» une commode	85 »
» un buffet	54 »
TOTAL . . .	

434. Facture d'un tailleur :

Un paletot fait sur mesure	. . . .	45 fr.
Un pantalon id.	. . . .	22 »
Un gilet id.	. . . .	9 »
Un pardessus id.	. . . .	110 »
	TOTAL . . .	

435. Facture d'un horloger :

Vendu une montre en or	165 fr.
» une chaîne en or	120 »
Réparation d'une montre en argent . . .	6 »
Réparation d'une bague	4 »
TOTAL . . .	

436. Un employé gagnait 1 500 francs par an. On a augmenté son traitement de 35 francs par trimestre. Combien gagne-t-il maintenant dans une année?

437. Une école de 3 classes comprenait 190 élèves; elle en reçoit

12 nouveaux pour la 1re classe, 9 pour la 2e, et 27 pour la 3e. Combien a-t-elle d'élèves?

438. Une tuilerie a fabriqué en un mois 16 934 briques, vendues 830 fr.; le mois suivant 9 650 briques, vendues 525 fr.; le 3e mois 27 385 briques, vendues 1671 fr. Dites le total des briques fabriquées et celui de la recette.

439. Un arrondissement comprend 5 cantons; le 1er est peuplé de 15 342 hab., le 2e de 8 725 hab., le 3e de 10 886 hab., le 4e de 9 672 hab., le 5e de 13 069 hab. Quelle est la population de l'arrondissement?

440. Une bibliothèque comprend trois rayons sur chacun desquels il y a 91 volumes. On ajoute 12 volumes au premier rayon, 25 au second et 17 au troisième. Quel est le total des volumes ?

441. Une marchande a deux caisses d'oranges; la première en contient 168 ; la seconde en contient 39 de plus que la première. Combien y a-t-il d'oranges dans les deux caisses?

442. Deux personnes se sont partagé un héritage; la première a eu 23 700 fr.; la seconde a eu 9 650 fr. de plus que la première. Quel était l'héritage?

443. Pour vendre un terrain, on l'a divisé en deux lots; le premier lot, contenant 76 ares, a été vendu 8 425 fr.; le second, qui contenait 28 ares de plus que le premier, a été vendu 3 150 fr. de plus. Dites la contenance du terrain et le prix de vente total.

444. Un ouvrier travaille régulièrement 6 jours par semaine et gagne 5 fr. par jour; un autre ouvrier gagne 2 fr. par jour de plus que le premier, mais il ne travaille que 4 jours par semaine. Quel est celui qui gagne le plus?

445. Une ville est divisée en deux quartiers; les écoles du premier quartier contiennent 675 garçons et 596 filles ; celles du second comprennent 68 garçons de plus et 128 filles aussi de plus. Trouvez le nombre total des enfants qui fréquentent l'école dans cette ville.

ADDITION DES NOMBRES DÉCIMAUX

109. J'additionne les nombres décimaux comme les nombres entiers, après les avoir écrits les uns au-dessous des autres de manière que les unités de même ordre et les virgules se correspondent très-exactement; puis je mets une virgule au total sous les virgules des nombres.

Exemple : 439,45 + 6,492 + 65,3 + 0,106.

Je dis : 2 millièmes et 6 font 8 millièmes; je pose 8 sous les millièmes;	439,45 6,492
5 centièmes et 9, 14; je pose 4 sous les centièmes et retiens 1 dixième;	65,3 0,106
1 de retenue et 4, 5, etc.	Total 511,348

EXERCICES ÉCRITS ET PROBLÈMES

Effectuez les additions suivantes :

446. 74,25 + 5,939 + 647,32 + 93,7555.
447. 63,436 + 7,8269 + 48,52 + 0,65395.
448. 9,3 + 68,427 + 14,38 + 5289,47.
449. 736,428 + 94,71 + 0,42368 + 483,5.
450. 29,7 + 489,23 + 6,4735 + 57,615.
451. 637,4 + 89,65 + 7,493 + 0,896 + 76,5.
452. 88,65 + 496,74 + 2,674 + 8,9345 + 8,7.
453. 628,4 + 9,748 + 6,4725 + 0 74963 + 0,528.
454. 183,75 + 16,372 + 8,59 + 149,5 + 2,6433.
455. 74,389 + 548,60 + 291,8 + 62,7345.
456. 27,684 + 3,63 + 2394,8 + 6348,863.
457. 53769,35 + 804,576 + 5943,46 + 89,4874.
458. 37,25 + 179,8 + 6,4093 + 18,345.
459. 529,85 + 34,629 + 29758,37 + 6,315
460. 7346,29 + 79,835 + 8362,9 + 4,3792.
461. 45,6936 + 8,6405 + 0,74923 + 5,839.
462. 643,29 + 7432,5 + 3,8296 + 4,375.
463. 9,3741 + 82,576 + 652,89 + 891,6304.
464. 7396,8 + 19478,29 + 45,695 + 729,54.
465. 3,6547 + 84,372 + 984,595 + 7,62 + 5,8.

466. Pour faire un vêtement complet, on a employé 1^m, 95 d'étoffe pour le paletot, 0^m, 58 pour le gilet et 1^m, 2 pour le pantalon. Quelle longueur d'étoffe avait-on achetée ?

467. J'avais 6 fr. 25 (1) ; j'ai reçu 1 fr. 50 de mes parents et 2 fr. 40 de mon parrain. Combien ai-je maintenant ?

468. Une fermière a vendu au marché des poulets pour 24 fr. 35, du fromage pour 9 fr. 70, des œufs pour 5 fr. 80 et du beurre pour 38 fr. Quel est le montant de sa recette ?

469. Une maison a trois étages : le premier a 3^m, 75 de hauteur, le deuxième 4 mètres, le troisième 2^m,85. Quelle est la hauteur de la maison ?

470. Facture des livres fournis à un élève :

Un livre de lecture	1 fr. 20
Une grammaire	0 » 90
Une arithmétique	0 » 75
Une histoire de France	1 » 45
TOTAL . . .	

(1) Le dixième de franc se nomme *décime* ; le centième, *centime*.

171. Dépense d'une journée dans un ménage :

Pain	0 fr. 85
Vin	0 » 70
Viande	1 » 10
Légumes	0 » 30
Dessert	0 » 35
TOTAL	

CINQUIÈME MOIS

Sommaire. — Ce que c'est que la soustraction. — Soustraction mentale lorsque le nombre à retrancher n'a qu'un chiffre. — Soustractions réciproques. — Soustractions par analogie. — Soustractions de dizaines, de centaines, de mille. — Exercices oraux et écrits. — Soustraction écrite sans retenue. — Soustraction avec retenue. — Exercices oraux et écrits; problèmes. — Soustraction de nombres décimaux. — Tableau de conversion des sous en centimes. — Exercices et problèmes.

SOUSTRACTION

110. J'ai 5 noix; je veux en manger 2; pour savoir combien il m'en restera, *j'ôte* 2 unités du nombre 5, en d'autres termes, je *retranche*, je *soustrais* 2 de 5 : je fais une **soustraction.** *Soustraire* signifie **ôter**, **retrancher**, **enlever**.

5 noix.

ôtées : 2, reste : 3.

111. Soustraction. — La soustraction a pour but de retrancher un nombre d'un autre nombre de même espèce.

112. Le résultat de la soustraction se nomme **reste** ou **différence.**

113. La soustraction est l'inverse d'une addition de deux nombres : on connaît la somme et l'un des nombres, et on cherche l'autre nombre.

114. Le signe de la soustraction est le signe —, qu'on prononce *moins*. Exemple : 7 — 3; dites : 7 moins 3.

SOUSTRACTION D'UN SEUL CHIFFRE

115. Lorsque le nombre à retrancher n'a qu'un chiffre, la soustraction se fait de tête, en s'aidant de l'addition. Si je sais que 15 et 7 font 22, je peux dire : 22 moins 7 reste 15. Si je sais que 12 moins 4 reste 8, je peux dire : 22 moins 4 reste 18; 32 moins 4 reste 28, etc.

Il en est de même pour les soustractions où le reste n'a qu'un chiffre; puisque 22 moins 7 reste 15, je dis : 22 moins 15 reste 7.

116. TABLEAU DE SOUSTRACTIONS RÉCIPROQUES.

11	moins	9	reste 2	14	moins	6	reste 8	9	ôtés de	12	reste 3
11	—	2	— 9	14	—	8	— 6	3	—	12	— 9
12	—	7	— 5	26	—	7	— 19	6	—	13	— 7
12	—	5	— 7	26	—	19	— 7	7	—	13	— 6
13	—	4	— 9	34	—	8	— 26	4	—	22	— 18
13	—	9	— 4	34	—	26	— 8	18	—	22	— 4

117. TABLEAU DE SOUSTRACTIONS ANALOGUES.

13	moins	8	reste 5	7	ôtés de	16	reste 9	17	moins	9	reste 8
23	—	8	— 15	7	—	26	— 19	27	—	9	— 18
33	—	8	— 25	7	—	36	— 29	37	—	9	— 28
53	—	8	— 45	7	—	276	— 269	67	—	9	— 58
103	—	8	— 95	7	—	996	— 989	207	—	9	— 198
2 563	—	8	— 2 555	7	—	5 866	— 5 859	1 877	—	9	— 1 868

EXERCICES ORAUX

472. Exercices d'ensemble. — Lisez de haut en bas, puis de bas en haut, chacune des colonnes des tableaux ci-dessus.

473. Questions. — Combien reste-t-il si on ôte 8 de 11? 3 de 11? 5 de 14? 9 de 14? 6 de 15? 9 de 15? 7 de 16? 9 de 16? etc.

474. Exercices d'ensemble. — Lisez ce qui suit, en remplaçant les points par le nombre convenable : 5 ôtés de 14 reste ... ; 5 de 24 reste ...; 5 de 34 reste ... ; 5 de 64 reste ... ; 5 de 104 reste ...

475. Faites de même pour l'exercice suivant : 5 et ... font 8; 3 et ... font 8; 9 et ... font 15; 6 et ... font 15.

476. J'avais 34 bons points; j'en ai perdu 5. Combien m'en reste-t-il?

477. Paul avait 8 billes ce matin; il en a 14 ce soir. Combien en a-t-il gagné?

EXERCICES ÉCRITS ET PROBLÈMES

Effectuez de tête les soustractions suivantes, et indiquez-en les restes :

478. 9—5; 8—3; 9—4; 8—5; 7—4; 7—3; 9—6; 9—4.

479. 12—9; 12—3; 13—8; 13—5; 11—7; 11—4; 10—6; 10—4.

480. 15—6; 15—9; 16—8; 14—7; 12—6; 10—5; 17—8; 17—9.

481. 16—7; 16—9; 8—6; 18—6; 28—6; 38—6; 58—6; 68—6.

482. 6—5; 16—5; 36—5; 66—5; 96—5; 106—5; 326—5; 406—5.

483. 8—4; 18—4; 48—4; 78—4; 108—4; 7—6; 17—6; 107—6.

484. On envoie un enfant acheter 2 francs de bougies, et on lui donne une pièce de 10 francs. Combien doit-il rapporter?

485. Un homme achète un chapeau 12 francs; il paye avec une pièce de 20 francs. Combien doit-on lui rendre?

486. Un poirier a produit 28 poires, parmi lesquelles il y en a 7 mauvaises. Combien y en a-t-il de bonnes?

487. Charles et Louis ont 16 francs à eux deux. Charles ayant 7 francs, combien Louis a-t-il?

488. On achète pour 27 francs de marchandises, qu'on revend ensuite 34 francs. Combien a-t-on gagné?

SOUSTRACTIONS DE DIZAINES, DE CENTAINES ET DE MILLE

118. Les soustractions de dizaines, de centaines, de mille se font comme les soustractions d'unités simples.

119. TABLEAU DE SOUSTRACTIONS DE DIZAINES, DE CENTAINES ET DE MILLE

Dizaines	Centaines	Mille
30 moins 10 reste 20	400 moins 100 reste 300	7 000 moins 1 000 reste 6 000
30 — 20 — 10	400 — 300 — 100	7 000 — 6 000 — 1 000
60 — 40 — 20	600 — 400 — 200	8 000 — 3 000 — 5 000
60 — 20 — 40	600 — 200 — 400	8 000 — 5 000 — 3 000
80 — 50 — 30	800 — 500 — 300	11 000 — 7 000 — 4 000
580 — 50 — 530	5 800 — 500 — 5 300	61 000 — 7 000 — 54 000

EXERCICES ORAUX

489. Exercices d'ensemble. — Lisez le tableau ci-dessus comme vous avez lu les précédents.

490. Combien reste-t-il si on ôte 30 de 60? 40 de 80? 20 de 70? 50 de 110? 90 de 180? 900 de 1 800? 900 de 18 000?

EXERCICES ÉCRITS ET PROBLÈMES

Effectuez de tête les soustractions et les problèmes qui suivent, et indiquez-en les résultats :

491. 80—30; 70—50; 40—10; 120—60; 800—300; 9000—2000.

492. 130—60; 120—70; 180—90; 170—80; 600—200; 15000—6000.

493. Un ouvrier laborieux a déjà mis 600 francs à la caisse d'épargne. Combien doit-il encore mettre pour avoir 1 300 francs d'économies?

494. On a déjà vendu 20 mètres d'une pièce d'étoffe qui contenait 90 mètres. Quelle quantité reste-t-il à vendre?

495. Un régiment cantonné à Paris contenait 3 000 hommes; on en a détaché 400 pour aller en garnison dans une petite ville. Combien reste-t-il d'hommes dans le régiment?

496. Rouen renferme environ 100 000 habitants; Versailles, 60 000. Combien Rouen a-t-il d'habitants de plus que Versailles?

SOUSTRACTION DE DEUX CHIFFRES

120. Lorsque le nombre à retrancher a deux chiffres et que la différence dépasse 10, la soustraction se fait encore de tête, en décomposant le nombre à retrancher et en faisant deux soustractions successives.

Exemples : 62 — 15. Je dis 62 moins 10 reste 52; 52 moins 5, reste 47.

EXERCICES ORAUX

497. Questions. — Combien reste-t-il si on ôte 12 de 44? 15 de 37? 18 de 60? 19 de 90? 22 de 45? 28 de 61? 31 de 64? 38 de 72?

Exercices d'ensemble. — Lisez, et remplacez le tiret par le nombre convenable :

498. 35 moins 10 r. ... moins 3 r. ... : 35 moins 13 r. 22.

499. 38 moins 10 r. ... moins 7 r. ... : 38 moins 17 r. 21.

500. 43 moins 20 r. ... moins 1 r. ... : 43 moins 21 r. 22.

501. 48 moins 30 r. ... moins 2 r. ... : 48 moins 32 r. 16.

502. 66 moins 30 r. ... moins 9 r. ... : 66 moins 39 r. 27.

503. J'ai 48 francs dans ma main droite, dont 15 francs en or et le reste en argent. Combien en argent?

504. J'ai acheté des marchandises pour 33 francs; je les ai vendues 47 francs. Quel est mon bénéfice?

EXERCICES ÉCRITS ET PROBLÈMES

Effectuez de tête les soustractions suivantes, et indiquez-en les restes :

505. 63 — 31 ; 46 — 24 ; 59 — 37 ; 73 — 48.
506. 86 — 48 ; 38 — 29 ; 65 — 36 ; 45 — 26.
507. 47 — 19 ; 56 — 28 ; 75 — 36 ; 83 — 44.
508. 82 — 47 ; 88 — 33 ; 77 — 44 ; 99 — 66.

509. Un fût de vin contenait 136 litres ; on en a déjà tiré 28 litres. Combien en reste-t-il ?

510. Un jeune homme a 23 ans cette année. En quelle année est-il né ?

SOUSTRACTION DE NOMBRES DE PLUS DE DEUX CHIFFRES

121. Pour soustraire l'un de l'autre deux nombres de plus de deux chiffres, j'écris le plus petit sous le plus grand, de manière que les unités de même ordre se correspondent très-exactement. Je retranche d'abord les unités des unités, puis les dizaines des dizaines, les centaines des centaines, etc. Il y a deux cas à examiner.

1° SOUSTRACTION SANS RETENUE

122. Soit à retrancher 2843 de 17859.

Je dis : 3 ôtés de 9, reste 6. Je pose 6 sous les unités ; 4 ôtés de 5, reste 1. Je pose 1 sous les dizaines ; 8 ôtés de 8, reste 0. Je pose 0 sous les centaines ; 2 ôtés de 7, reste 5. Je pose 5 sous les mille ; 0 ôté de 1, reste 1. Je pose 1 sous les dizaines de mille ;	17859 pl. gr. nomb. 2843 pl. pet. nomb. 15016 reste.

EXERCICES ORAUX

511. Questions. — Comment disposez-vous la soustraction de deux nombres de plus de deux chiffres ? — Par quelle colonne commencez-vous l'opération ?

512. Effectuez au tableau noir les soustractions suivantes : 687 — 461 ; 9856 — 3244 ; 78529 — 42516.

EXERCICES ÉCRITS ET PROBLÈMES

Faites les soustractions et les problèmes qui suivent :

513.	569 — 326	**519.**	3872 — 1432	**525.**	239628 — 104613
514.	1736 — 431	**520.**	19328 — 5211	**526.**	187695 — 82481
515.	3887 — 1527	**521.**	9877 — 4724	**527.**	66589 — 15234
516.	2645 — 632	**522.**	6748 — 2732	**528.**	378426 — 61324
517.	928 — 616	**523.**	24830 — 4210	**529.**	98571 — 58241
518.	1347 — 326	**524.**	6855 — 2234	**530.**	549837 — 142615

531. Une personne devait 6 585 francs; elle a déjà payé 3 135 francs Combien redoit-elle ?

532. Nous sommes au cent vingt-cinquième jour de l'année; combien doit-il s'écouler encore de jours d'ici la fin de l'année ?

533. Un ouvrier laborieux et économe a gagné 1 875 francs dans son année et n'a dépensé que 1 250 francs. Combien a-t-il pu mettre à la caisse d'épargne ?

534. Une personne charitable a 4 670 francs de revenu. Elle consacre tous les ans 1 520 francs en œuvres de bienfaisance. Combien lui reste-il à dépenser par an ?

535. Paris, capitale de la France, renferme 1 852 415 habitants; Londres, capitale de l'Angleterre, 3 976 847. Faites la différence de ces deux populations.

2° SOUSTRACTION AVEC RETENUE

123. Il y a retenue dans la soustraction lorsque l'un des chiffres du plus petit nombre est plus fort que son correspondant du plus grand nombre. Dans ce cas, j'augmente de 10 le chiffre supérieur, et de 1 le chiffre immédiatement à gauche dans le nombre inférieur.

Soit à soustraire 2 548 de 5 402.

Je dis : 8 ôtés de 12 reste 4, et je retiens 1.	5 402
1 de retenue et 4, 5, de 10 reste 5, et je retiens 1.	2 548
1 de retenue et 5, 6, de 14 reste 8, et je retiens 1.	2 854
1 et 2, 3, de 5 reste 2.	

PREUVE DE LA SOUSTRACTION

124. Pour faire la preuve de la soustraction, j'additionne le plus petit nombre avec le reste : si l'opération est bien faite, je dois retrouver le plus grand nombre.

	5 402
	2 548
	2 854
Preuve. . . .	5 402

EXERCICES ORAUX

536. Questions. — Que fait-on lorsque l'un des chiffres du plus grand nombre est plus faible que son correspondant du plus petit nombre ? — Si le chiffre supérieur est zéro, que devient-il par l'augmentation? — Écrivez au tableau une soustraction avec retenues, et effectuez. (Plusieurs élèves vont tour à tour au tableau.) — Comment fait-on la preuve de la soustraction ?

EXERCICES ÉCRITS et PROBLÈMES

Effectuez les soustractions suivantes, et faites-en les preuves :

537. 6240 — 3817	**549.** 16596 — 9738	**561.** 504089 — 64339
538. 1724 — 891	**550.** 304205 — 96362	**562.** 209068 — 132846
539. 2513 — 942	**551.** 560048 — 81074	**563.** 59111 — 16435
540. 3874 — 2927	**552.** 32010 — 19040	**564.** 30000 — 7685
541. 15834 — 7396	**553.** 26730 — 20896	**565.** 431326 — 176241
542. 28347 — 9725	**554.** 139420 — 80976	**566.** 119260 — 57896
543. 5361 — 986	**555.** 50332 — 8947	**567.** 2112600 — 973425
544. 3849 — 850	**556.** 290386 — 149872	**568.** 735425 — 115896
545. 34325 — 8987	**557.** 156320 — 89847	**569.** 600000 — 1398
546. 4930 — 995	**558.** 130402 — 96534	**570.** 100000 — 9827
547. 3724 — 876	**559.** 60915 — 38197	**571.** 8100000 — 547
548. 16340 — 724	**560.** 37429 — 8641	**572.** 630000 — 764

573. Un oncle, en mourant, laisse un héritage de 124 000 francs à son neveu et à sa nièce. Le neveu devant avoir 78 580 francs, quelle sera la part de la nièce ?

574. Une personne est née en 1849. Quel âge a-t-elle cette année ?

575. Un marchand doit vendre une pièce de dentelle 1 060 francs; il en a déjà vendu pour 795 francs. Quelle est la valeur de ce qui reste?

576. Un voyageur part de Paris pour Bordeaux, distants de 582 kilomètres. Arrivé à Angoulême, qui est à 449 kilomètres de Paris, combien a-t-il encore de chemin à faire?

577. Combien s'est-il écoulé d'années depuis la découverte de l'Amérique par Christophe Colomb, en 1492, jusqu'à l'année dernière ?

578. Louis XIV naquit en 1638, devint roi en 1643 et mourut en 1715. Combien d'années a-t-il régné et à quel âge est-il mort ?

579. Henri IV devint roi en 1589 et périt assassiné par Ravaillac en 1610. Dites la durée de son règne.

580. Il y a 600 ans, la population de Paris était de 125 600 habitants; elle est aujourd'hui de 1 852 415 habitants. De combien a-t-elle augmenté depuis cette époque ?

581. Les jeunes gens tirent au sort à l'âge de 21 ans. En quelle année sont venus au monde les conscrits qui tireront au sort en 1882?

582. Le budget d'une commune s'élève à 25 600 francs pour les recettes et 27 960 francs pour les dépenses. Quelle est l'insuffisance de la recette?

583. Dans un département, le nombre des élèves de toutes les écoles était en 1875 de 57 396; en 1876, il était de 60 241. Quelle est l'augmentation?

584. Combien d'années se sont écoulées depuis l'invention de l'imprimerie par Gutenberg en 1436?

585. Une caisse pleine de marchandises pèse 1 240 kilogr. La caisse vide pèse à elle seule 157 kilogr. Quel est le poids de la marchandise?

586. Combien s'est-il écoulé d'années depuis la bataille d'Iéna, gagnée par les Français sur les Prussiens en 1806?

587. Les ballons ont été inventés par Montgolfier en 1783. Combien y a-t-il d'années?

588. Un cultivateur a récolté dans son année 125 300 kilogr. de foin et 49 825 kilogr. de paille. Il a déjà vendu 47 560 kilogr. de foin et 9 978 kilogr. de paille. Combien reste-t-il de chaque récolte?

589. Dans un marché, il a été amené 324 bœufs et 2 146 moutons; mais 149 bœufs et 1 388 moutons seulement ont été vendus. Combien de bœufs et combien de moutons ont été remmenés sans avoir été vendus?

590. Combien doit-il s'écouler d'années depuis l'année présente jusqu'à l'année 1910? et combien de l'an 1910 à l'an 2000?

591. Un marchand achète trois pièces de toile : la première contient 143 mètres, la seconde 19 mètres de moins que la première, et la troisième 15 mètres de moins que la seconde. Combien la troisième contient-elle de mètres?

592. Un homme, parlant de son âge, dit : si j'avais 15 ans de moins, je serais né en 1852. Dites : 1° en quelle année il est né; 2° quel est son âge aujourd'hui.

SOUSTRACTION DES NOMBRES DÉCIMAUX

125. Je fais la soustraction des nombres décimaux comme celle des nombres entiers, en ayant soin de faire correspondre très-exactement les unités de même ordre, et je mets une virgule au reste sous les virgules des nombres. Si le plus grand nombre a moins de chiffres décimaux que le plus petit, j'écris à sa droite des zéros pour égaliser le nombre des chiffres décimaux, ou je sous-entends simplement ces zéros sans les écrire.

Soit à soustraire 24,375 de 76,8.

Je dis : 5 de 10 reste 5, et je retiens 1.	76,800	76,8
1 et 7, 8, de 10 reste 2.	24,375	24,375
Etc.	52,425	52,425

126. TABLEAU DE LA VALEUR DES SOUS EN CENTIMES.

1 sou vaut 5 centimes ou 0 fr. 05.
2 sous valent 10 centimes ou 0 fr. 10.

	fr. c.		fr. c.		fr. c.
1 sou vaut	0,05	9 sous valent	0,45	17 sous valent	0,85
2 sous valent	0,10	10 —	0,50	18 —	0,90
3 —	0,15	11 —	0,55	19 —	0,95
4 —	0,20	12 —	0,60	20 —	1,00
5 —	0,25	13 —	0,65	21 —	1,05
6 —	0,30	14 —	0,70	22 —	1,10
7 —	0,35	15 —	0,75	23 —	1,15
8 —	0,40	16 —	0,80	Etc.	

EXERCICES ORAUX

593. Questions. — Comment faites-vous la soustraction des nombres décimaux? — Écrivez au tableau une soustraction dans laquelle le plus grand nombre ait moins de chiffres décimaux que le plus petit, et effectuez.

594. Combien de centimes valent deux sous? 4 sous? 6 sous? 10 sous? 12 sous? 9 sous? etc. — Combien de sous font 10 centimes? 20 centimes? 60 centimes? etc.

EXERCICES ÉCRITS ET PROBLÈMES

Effectuez les soustractions suivantes, et faites-en les preuves :

595. 36.25 — 8,75	**601.** 5,13 — 3,6847	**607.** 34,6 — 23,542
596. 29,42 — 17,58	**602.** 6,5 — 2,3935	**608.** 3,47 — 2,6836
597. 8,625 — 2,974	**603.** 9,8 — 4,926	**609.** 4,29 — 3,6382
598. 47,92 — 19,364	**604.** 23,50 — 18,347	**610.** 0,52 — 0,3976
599. 6,25 — 3,685	**605.** 0,9 — 0,0847	**611.** 0,08 — 0,05329
600. 9,3 — 6,215	**606.** 0,8 — 0,6251	**612.** 0,1 — 0,07382

613. Une pièce de ruban contenait $26^{m},50$; on en a vendu $9^{m},90$. Combien en reste-t-il?

614. Paul avait 6 fr. 50 dans sa bourse; il a dépensé 1 fr. 25. Combien lui reste-t-il?

615. La mère de Charles a acheté, pour lui faire un gilet et un pantalon, un coupon de drap de $1^{m},20$. Elle a employé $0^{m},45$ pour le gilet. Combien reste-t-il pour le pantalon ?

616. Sur un mémoire de 460 fr. 25, on m'a donné un à-compte de 195 fr. 80. Combien me redoit-on?

617. On envoie un enfant acheter un paquet de bougies de 1 fr. 30, et on lui donne une pièce de 2 francs. Combien doit-il rapporter?

618. Une personne achète une paire de chaussures pour 7 fr. 75. Elle paye avec une pièce de 10 francs. Combien doit-on lui rendre?

619. Louis a un porte-plume à monture d'argent qui a coûté 2 fr. 40 à ses parents; il commet la faute de l'échanger contre un canif qui n'a coûté que 1 fr. 70 aux parents de Jules. Combien Louis perd-il?

620. Une modiste fait 3 chapeaux pour une mère de famille et ses deux filles. Dans le premier, elle emploie 0^{m},40 de dentelle; dans le second 0^{m},15 de moins, et dans le troisième 0^{m},10 de moins que dans le second. Combien en emploie-t-elle dans ce dernier?

621. Émile part en commission avec une pièce de 20 francs; il achète pour 3 fr. 45 chez l'épicier et pour 2 fr. 15 chez le boucher. Dites: 1° combien il lui restait en sortant de chez l'épicier; 2° combien il a rapporté à la maison.

SIXIÈME MOIS

Sommaire. — Exercices oraux de révision. — Exercices écrits sur l'addition et la soustraction combinées. — Problèmes sur l'addition et la soustraction combinées.

EXERCICES ORAUX DE RÉVISION

622. Exercices d'ensemble. — Comptez *par nombres pairs* de cent à deux cents. — Comptez *par trois*, de deux jusqu'à cent un. — Comptez *par quatre*, à partir de trois jusqu'à cent trois. — Comptez *par cinq*, à partir de deux jusqu'à cent sept. Comptez *par six*, de zéro à cent deux. Comptez *par sept*, de zéro à cent cinq; *par huit*, de zéro à cent quatre; *par neuf*, de zéro à quatre-vingt-dix-neuf, puis de un à cent. — Comptez les mêmes nombres que ci-dessus à rebours.

Lisez chacun des chiffres des nombres suivants en lui donnant le nom de l'unité qu'il représente, puis lisez les nombres sans les décomposer :

623.	726 904	**624.**	627 438 503	**625.**	2 926 845 127
	2 840 096		73 120 926		13 739 400 628

626. Questions. — Quel rang occupent dans un nombre les dizaines? les centaines? les mille? les unités de millions? les centaines de mille? les dizaines de millions? les centièmes? les dixièmes? les millièmes? etc.

627. Qu'est-ce que l'addition? — Comment disposez-vous plusieurs nombres pour les additionner? — Comment faites-vous l'addition des nombres décimaux?

628. Qu'est-ce que la soustraction? — Comment disposez-vous deux nombres pour soustraire l'un de l'autre? — Comment faites-vous la soustraction des nombres décimaux?

629. Combien font 20 et 30 ? 70 et 80 ? 60 et 50 ? 600 et 500 ? 8000 et 16 000 ? 24 et 33 ? 52 et 16 ? 64 et 15 ? 48 et 36 ? etc.

EXERCICES SUR L'ADDITION ET LA SOUSTRACTION COMBINÉES

Effectuez d'abord les additions comprises entre parenthèses et faites ensuite la soustraction.

630. 3927 — (824 + 78 + 1437)
631. 21045 — (7362 + 693 + 5804)
632. 17916 — (839 + 6724 + 3980)
633. 5400 — (2306 + 634 + 529)
634. 69802 — (15480 + 9834 + 677)
635. 96595 — (29363 + 60735)
636. (687 + 949 + 2425) — 2988
637. (8245 + 623 + 1364) — 6775
638. (9m,75 + 6m,80 + 12m,70) — 17m,95
639. (28 fr. 15 + 9 fr. 85 + 134 fr.) — 79 fr. 45.
640. (472 + 6245) — (615 + 3922)
641. (5376 + 886 + 138) — (2314 + 941)
642. (327 + 6240 + 985) — (738 + 3436 + 291)
643. (5385 + 729 + 6347) — (4392 + 3809 + 615)
644. 146m,80 — (12m,70 + 8m,45 + 29m,60 + 7m)
645. 3000 fr. — (245 fr. + 678 fr. + 39 fr. + 1208 fr.)
646. 73 fr. 80 — (17 fr. 25 + 8 fr. 75 + 39 fr. + 6 fr. 35)
647. (7320 fr. + 19 376 fr. + 539 fr.) — 18860 fr.
648. (486m + 372m,50 + 82m,25) — (534m + 96m,70)
649. (635 kilom. + 896 kilom.) — (391 kilom. + 778 kilom.)

PROBLÈMES SUR L'ADDITION ET LA SOUSTRACTION COMBINÉES

650. Trois personnes ont hérité d'une somme de 20 500 fr.; la première doit avoir 7 800 fr.; la seconde 6 550 fr. Combien aura la troisième?

651. Un pépiniériste avait 620 pommiers; il en a vendu 174 à une personne et 95 à une autre. Combien lui en reste-t-il ?

652. Un marchand de chevaux achète deux chevaux pour 1 200 fr. Il revend l'un deux 630 fr. et l'autre 867 fr. Quel est son bénéfice?

653. Un élève a gagné dans le mois d'octobre 175 bons points; dans le mois de novembre, 190. Combien doit-il en gagner dans le mois de décembre pour en avoir 500 dans son trimestre?

654. Un marchand achète une pièce d'étoffe pour 248 francs. Il en revend une partie pour 195 fr. 50 et le reste 109 fr. 25; quel est son bénéfice?

655. Un journalier doit défricher en trois jours un terrain de 228 mètres carrés. Le premier jour il en défriche 83 mètres; le second jour, 89 mètres. Que reste-t-il pour le troisième jour?

656. Une ménagère sort avec un billet de 100 francs pour faire des emplettes. Elle dépense 12 fr. 50 chez le boucher, 18 fr. 45 chez l'épicier et 9 fr. 80 chez divers fournisseurs. Quelle somme rapporte-t-elle?

657. Un médecin a fait à un malade 5 visites pour chacune desquelles il prenait 2 fr. 50. Il a déjà reçu un à-compte de 8 francs. Combien lui redoit-on?

658. Pour faire 3 chemises qui lui étaient payées 1 fr. 75 la pièce, une ouvrière a employé 4 pelotes de fil de 0 fr. 15 l'une. Combien a-t-elle gagné réellement?

659. Une école comprenait à la rentrée 260 élèves. Il en est entré 33 nouveaux dans le premier trimestre, et il en est sorti 19. Combien y avait-il d'élèves au 1er janvier?

660. Dans une année ordinaire de 365 jours, il y a 52 dimanches, 9 jours de fête et 46 jours de mauvais temps, pendant lesquels un cultivateur ne travaille pas. Combien lui reste-t-il de jours de travail?

661. On a renfermé une marchandise fragile dans une caisse de chêne pesant 39 kilogr. et on a mis cette première caisse dans une seconde caisse en fer du poids de 286 kilogr. Les deux caisses avec la marchandise pèsent 620 kilogr. Quel est le poids de la marchandise?

662. Un vigneron devait 276 fr. au maçon qui a réparé sa maison. Il lui a fourni 2 fûts de vin rouge au prix de 35 fr. 50 l'un, et un fût de vin blanc valant 43 fr. Combien lui doit-il encore?

663. Un domestique gagne 500 francs par an. Il a reçu les à-compte suivants de ses maîtres : en avril 25 fr., en juillet 46 fr., en octobre 120 fr., en novembre 78 fr. Combien lui est-il redû à la fin de l'année?

664. Dans une famille, le père a 50 ans, la mère 14 ans de moins, le fils 22 ans de moins que sa mère, et la fille 7 ans de moins que son frère. Quel est l'âge de la fille?

665. Une marchande achète des oranges pour 126 fr. 75 et des pommes pour 49 fr. 30. Elle revend les oranges 201 fr. 20 et les pommes 66 fr. 10. Quel est son bénéfice total?

666. L'année 1884, étant bissextile, comprendra 366 jours. Lorsque le premier trimestre sera écoulé, combien restera-t-il de jours jusqu'à la fin de l'année?

667. Un fermier a 2000 francs de loyer annuel qu'il paye par trimestres. Les trois premiers trimestres, il paye chaque fois 550 francs. Combien lui reste-t-il à payer pour le 4e trimestre?

668. Pour effectuer un payement de 10 000 francs, une personne a donné 6 300 francs en billets, 2 845 francs en or et le reste en argent. Combien a-t-elle donné en argent?

669. Dans une famille, le père gagne 4 fr. 50 par jour, et la mère 2 fr. 25. Les dépenses s'élèvent ordinairement à 3 fr. 10 pour la nourriture et l'entretien du père et de la mère, et à 2 fr. 70 pour la nourriture et l'entretien des enfants. Quelle est l'économie réalisée par jour?

670. Un négociant fait un inventaire à la fin de l'année. Il trouve 50 800 fr. de marchandises dans ses magasins, et on lui doit 19 423 fr. 35. D'autre part, il doit à ses différents fournisseurs 13 876 fr. 40. Quel est son avoir?

671. On a acheté une propriété pour 52 600 fr., et on y a fait 6 729 fr. de dépenses. On l'a divisée, pour la revendre, en 3 lots; le premier a été vendu 24 700 fr., le second 18 340 fr. et le troisième 21 690 fr. Quel est le bénéfice?

672. Un ouvrier gagne 1 660 fr. par an. Il dépense 620 fr. pour sa nourriture, 190 fr. pour son loyer, 156 fr. pour son entretien et il donne 380 fr. à ses vieux parents. Combien peut-il placer chaque année à la caisse d'épargne?

673. Note d'un boulanger.

Fourni à M. Rigaud :

			fr.	c.
Janvier.	3	2 kilogr. de pain, à 0 fr. 35 le kilogr. . .		
—	5	3 kilogr. — , à 0 fr. 35 — . . .		
—	8	1 kilogr. de farine, à 0 fr. 40 — . . .		
—	9	2 kilogr. — , à 0 fr. 40 — . .		
—	»	3 mesures de son, à 0 fr. 65 la mesure. . .		
		Total. . . .		
		Reçu à compte.	2	50
		Reste dû.		

674. Note d'un boucher.

Fourni à M. Morel :

			fr.	c.
Mars. .	7	2 kilogr. de bœuf, à 1 fr. 20 le kilogr. .		
—	15	3 kilogr. de veau, à 1 fr. 60 — . .		
—	22	2 kilogr. de mouton, à 1 fr. 45 — . .		
		Total. . . .		
		Reçu à compte.	5	50
		Redû.		

675. Une fermière vend au marché pour 5 fr. 50 de pommes de terre, 8 fr. 40 de beurre et 4 fr. 95 de petits pois. Elle achète pour 3 fr. 60 de viande et 7 fr. 75 d'étoffe. Sachant qu'elle était partie avec 10 fr. dans son porte-monnaie, combien rapporte-t-elle?

676. Un ouvrier a mis à la caisse d'épargne : dans le mois de janvier 65 fr., en avril 130 fr., en juillet 185 fr. Il a retiré en septembre 35 fr. et en décembre 70 fr. Combien lui reste-t-il à la caisse d'épargne?

677. Un ouvrier a gagné dans une semaine : le 1er jour 5 fr. 25 ; le 2e, 5 fr. 60; le 3e, 4 fr. 90; le 4e, 6 fr.; le 5e, 5 fr. 80; le 6e, 4 fr. 55. Il a dépensé pendant la semaine 14 fr. 40 pour sa nourriture, 4 fr. 50 pour son logement et 0 fr. 75 pour son blanchissage. Calculez ses économies de la semaine.

678. Un épicier avait acheté dans le mois d'octobre 1 220 kilogr. de café et 970 kilogr. de thé. Il a vendu : en novembre, 320 kilogr. de café et 186 kilogr. de thé; en décembre, 456 kilogr. de café et 264 kilogr. de thé. Combien lui reste-t-il : 1° de kilogrammes de café, 2° de kilogrammes de thé?

679. Un négociant a pour 12 620 fr. de vins d'une qualité et pour 9 730 fr. d'une seconde qualité. Il en vend une 1re fois pour 2 945 fr. de la première qualité et 1 740 fr. de la seconde; une 2e fois, il vend pour 3 560 fr. de la première qualité et 2660 fr. de la seconde. Quelle est la valeur de ce qui reste : 1° de la première qualité; 2° de la seconde qualité?

680. Un marchand a vendu dans le premier semestre de l'année pour 60 540 fr. 75 de marchandises, qui lui avaient coûté 53 927 fr. 30, et dans le second semestre pour 76 863 fr. 50 de marchandises lui ayant coûté 63 236 fr. Quel est son bénéfice de l'année?

681. Un voyageur de commerce, partant pour trois mois, devait faire 315 kilom. dans le premier mois, et il n'en a fait que 296; 270 kilom. dans le second, et il n'en a fait que 219; 203 kilom. dans le troisième, et il en a fait 236. De combien de kilom. est-il en retard?

682. Un négociant établi depuis 5 ans a gagné 6 820 fr. la 1re année, perdu 7 490 fr. dans la 2e, gagné 12 660 fr. dans la 3e, perdu 935 fr. dans la 4e et gagné 5 380 fr. dans la 5e. De combien son avoir est-il augmenté?

683. Un tonneau contenait 228 litres de vin; on en a tiré 79 litres, puis on a mis 32 litres d'eau dans le reste; on a tiré ensuite 58 litres et on a remis 27 litres d'eau dans le tonneau. Combien contient-il maintenant de litres de liquide?

684. Un général est entré en campagne avec une armée de 45 600 hommes. Il a perdu 526 hommes dans un premier combat et 2 593 dans un second. Il a reçu ensuite un renfort de 13 725 hommes. Quel est maintenant l'effectif de son armée?

685. Facture d'un tapissier-ébéniste.

Ameublements.
Tapisserie.

MAISON DIDIER.

30, RUE JACOB.

Pose de rideaux.
Réparations.

Monsieur Balarat *Doit.*

Paris, le 11 juillet 1878.

1878.			fr.	c.
Juin.	4	1 table ronde à coulisses.	95	»
—	»	1 armoire.	120	»
—	»	6 chaises	42	»
Juillet.	11	4 paires de rideaux de percaline	70	50
—	»	Pose de ces rideaux	12	70
		TOTAL.		
Juin.	8	Reçu à compte : 150 fr.		
Juillet.	11	Id. 80 fr.		
		Redû.		

SEPTIÈME MOIS

Sommaire. — Ce que c'est que la multiplication. — Multiplication mentale de deux nombres d'un seul chiffre. — Multiplication mentale de dizaines, de centaines, de mille. — Exercices oraux et écrits. — Changement de l'ordre des facteurs. — Table de Pythagore. — Multiplication mentale d'un nombre de deux chiffres par un nombre d'un seul. — Multiplication écrite d'un nombre de plusieurs chiffres par un nombre d'un seul. — Exercices oraux et écrits; problèmes.

MULTIPLICATION

5 fois 3 chaises font 15 chaises.

127. Je vois 5 rangées de 3 chaises chacune; au lieu de compter les chaises une à une, ou d'additionner 5 nombres égaux à 3, je répète d'un seul coup 5 fois le nombre 3; je dis : 5 fois 3 chaises font 15 chaises; je fais une **multiplication.**

Multiplier veut dire **répéter plusieurs fois,** ou **rendre tant de fois plus grand.**

128. Multiplication. — La multiplication a pour but de répéter un nombre autant de fois qu'il y a d'unités dans un autre nombre. C'est une addition abrégée de nombres égaux.

129. Le nombre qui est répété s'appelle **multiplicande.**

Le nombre qui répète ou qui multiplie s'appelle **multiplicateur.**

Le résultat de la multiplication s'appelle **produit.**

130. Le multiplicande et le multiplicateur sont encore appelés les *facteurs* du produit.

131. Le signe de la multiplication est le signe ×, qu'on prononce *multiplié par.* Exemple : 6 × 5 (dites : 6 multiplié par 5).

MULTIPLICATION DE DEUX NOMBRES D'UN SEUL CHIFFRE

132. Cette multiplication se fait de tête; on doit savoir par cœur tous les produits des nombres d'un seul chiffre pris deux à deux.

133. 1er TABLEAU DE MULTIPLICATIONS A APPRENDRE PAR CŒUR.

1	fois	1	fait	1	2	fois	1	font	2	3	fois	1	font	3
1	—	2	—	2	2	—	2	—	4	3	—	2	—	6
1	—	3	—	3	2	—	3	—	6	3	—	3	—	9
1	—	4	—	4	2	—	4	—	8	3	—	4	—	12
1	—	5	—	5	2	—	5	—	10	3	—	5	—	15
1	—	6	—	6	2	—	6	—	12	3	—	6	—	18
1	—	7	—	7	2	—	7	—	14	3	—	7	—	21
1	—	8	—	8	2	—	8	—	16	3	—	8	—	24
1	—	9	—	9	2	—	9	—	18	3	—	9	—	27

EXERCICES ORAUX

686. Exercices d'ensemble. — Lisez ensemble de haut en bas, puis de bas en haut chacune des colonnes du tableau ci-dessus, en répétant deux fois la même ligne.

687. Questions. — Quel est le but de la multiplication? — Comment se nomment les deux nombres que l'on multiplie l'un par l'autre? — Quel est celui qui multiplie? — Quel est celui qui est multiplié? — Comment se nomme le résultat de la multiplication?

688. Combien font 2 fois 5? 2 fois 4? 2 fois 9? 3 fois 6? 3 fois 8?

689. J'ai 7 francs dans chaque main. Combien ai-je?

690. Combien font 3 pièces de 2 francs?

691. Combien font 3 pièces de 5 francs?

EXERCICES ÉCRITS ET PROBLÈMES

692. Remplacez le tiret par le nombre convenable : 2 fois — font 4; 2 fois —, 6; 3 fois —, 6; 1 fois —, 2; 2 fois —, 2; 3 fois —, 3; 2 fois —, 12; 3 fois —, 9; 3 fois —, 18; 3 fois —, 24; 3 fois —, 27; 2 fois —, 18.

Effectuez de tête les multiplications et les problèmes qui suivent, et écrivez-en les résultats :

693. 2 fois 7 ..; 2 fois 5 ...; 3 fois 6 ...; 3 fois 9.
694. 3 fois 8 ...; 2 fois 6 ...; 1 fois 8 ...; 1 fois 6.
695. 3 fois 3 ...; 2 fois 8 ...; 3 fois 5 ...; 2 fois 4.
696. 2 fois 9 ..; 3 fois 7 ...; 2 fois 2 ...; 3 fois 2.

697. Un ouvrier gagne 6 francs par jour. Combien aura-t-il gagné au bout de trois jours?

698. Dans une semaine il y a 7 jours. Combien dans 3 semaines?

699. Dites le prix de 6 casquettes à 2 francs l'une.

700. Dites le prix de 9 chapeaux à 3 francs l'un.

701. Il y a dans la cour 3 rangées d'arbres de chacune 8 arbres. Combien d'arbres en tout?

MULTIPLICATION DE DIZAINES, DE CENTAINES ET DE MILLE

134. Les dizaines, les centaines, les mille, etc., se multiplient comme les unités simples, et *le produit contient autant de zéros qu'il y en a dans les deux facteurs.*

135. TABLEAU DE MULTIPLICATIONS DE DIZAINES, DE CENTAINES ET DE MILLE.

2 fois	10	font	20	2 fois	100	font	200	2 fois	1 000	font	2 000
2 —	30	—	60	3 —	500	—	1 500	3 —	6 000	—	18 000
3 —	50	—	150	10 —	100	—	1 000	20 —	2 000	—	40 000
10 —	10	—	100	30 —	600	—	18 000	100 —	1 000	—	100 000
20 —	60	—	1 200	100 —	100	—	10 000	200 —	7 000	—	1 400 000
30 —	80	—	2 400	300 —	900	—	270 000	3000 —	4 000	—	12 000 000

EXERCICES ORAUX

702. Exercices d'ensemble. — Lisez le tableau ci-dessus comme vous avez lu le précédent.

703. Questions. — Combien font 2 fois 20? 20 fois 50? 3 fois 40? 30 fois 100? 20 fois 300? 30 fois 90? 200 fois 300? 2 fois 30 000?

EXERCICES ÉCRITS ET PROBLÈMES

704. Écrivez l'exercice suivant, et remplacez le tiret par le nombre convenable : 2 fois — font 80 ; 20 fois —, 200 ; 2 fois —, 1 600; 30 fois —, 900; 30 fois —, 6 000; 300 fois —, 900 000; 3000 fois —, 6 000 000.

Faites de tête les exercices et problèmes qui suivent, et indiquez-en les résultats :

705.	3 fois 50 ...;	2 fois 600 ...;	2 fois 900 ....
706.	20 fois 7 000 ...;	300 fois 400 ...;	300 fois 800 ....
707.	30 fois 60 ...;	20 fois 200 ...;	3 fois 9 000 ....
708.	2 fois 20 000...;	200 fois 5 000 ...;	20 fois 60 000 ....
709.	2 fois 2 000 ...;	20 fois 5 000 ...;	3 fois 3 000 ....
710.	300 fois 6 000 ...;	30 fois 90 ...;	3 000 fois 5 000 ....

711. Un ouvrier gagne 80 francs par mois. Combien gagne-t-il par trimestre?

712. Il y a 60 minutes dans une heure. Combien dans 20 heures?

713. Un employé a économisé 500 francs par an pendant 20 ans. A combien se montent ses économies?

714. Un train de chemin de fer parcourt 400 mètres par minute. Quel chemin fait-il en une demi-heure?

715. Combien de soldats comprend une armée composée de 20 régiments, ayant chacun 4 000 hommes?

136. 2e TABLEAU DE MULTIPLICATIONS A APPRENDRE PAR CŒUR.

4	fois	1	font	4	5	fois	1	font	5
4	—	2	—	8	5	—	2	—	10
4	—	3	—	12	5	—	3	—	15
4	—	4	—	16	5	—	4	—	20
4	—	5	—	20	5	—	5	—	25
4	—	6	—	24	5	—	6	—	30
4	—	7	—	28	5	—	7	—	35
4	—	8	—	32	5	—	8	—	40
4	—	9	—	36	5	—	9	—	45

EXERCICES ORAUX

716. Exercices d'ensemble. — Lisez le tableau ci-dessus comme vous avez lu les précédents.

717. Questions. — Combien font 4 fois 3? 4 fois 7? 5 fois 5? 5 fois 8? 5 fois 80? 5 fois 800? 4 fois 40? 4 fois 4 000? 500 fois 500?

718. Si l'on a 3 plumes pour 1 sou, combien en aura-t-on pour 4 sous?

719. Un sou valant 5 centimes, combien de centimes font 3 sous? — 5 sous? — 4 sous? — 10 sous?

720. Un ouvrier fait 8 mètres de travail par jour. Combien en 4 jours? — en 5 jours? — en 3 jours?

EXERCICES ÉCRITS ET PROBLÈMES

721. Écrivez l'exercice suivant, et remplacez le tiret par le nombre convenable : 4 fois — font 36; 4 fois —, 32; 4 fois —, 28; 5 fois —, 30; 5 fois —, 20; 5 fois —, 200; 4 fois —, 120.

Faites de tête les multiplications et les problèmes suivants, et indiquez-en les résultats :

722. 4 fois 7 ...; 4 fois 5 ...; 5 fois 6 ...; 5 fois 9 ....
723. 5 fois 8 ...; 4 fois 6 ...; 3 fois 8 ...; 2 fois 6 ....
724. 4 fois 3 ...; 4 fois 8 ...; 5 fois 5 ...; 4 fois 4 ....
725. 4 fois 9 ...; 5 fois 7 ...; 4 fois 4 ...; 5 fois 2 ....

726. Il faut, pour faire un habillement complet, 4 mètres d'étoffe, valant 7 francs le mètre. Que coûte l'habillement?

727. Quel sera le prix de 4 douzaines de mouchoirs à 9 fr. la douzaine?

728. Un cultivateur a vendu 40 sacs de blé à 20 francs le sac. Quel est le produit de cette vente?

729. Un train de marchandises est chargé de 500 barils d'huile, pesant chacun 200 kilogr. Quel est le poids du chargement?

137. 3e TABLEAU DE MULTIPLICATIONS A APPRENDRE PAR CŒUR.

6	fois	1	font	6	7	fois	1	font	7
6	—	2	—	12	7	—	2	—	14
6	—	3	—	18	7	—	3	—	21
6	—	4	—	24	7	—	4	—	28
6	—	5	—	30	7	—	5	—	35
6	—	6	—	36	7	—	6	—	42
6	—	7	—	42	7	—	7	—	49
6	—	8	—	48	7	—	8	—	56
6	—	9	—	54	7	—	9	—	63

EXERCICES ORAUX

730. Exercices d'ensemble. — Lisez de haut en bas, puis de bas en haut chacune des deux colonnes ci-dessus.

731. Questions. — Combien font 6 fois 4? 6 fois 8? 7 fois 2? 7 fois 5? 7 fois 7? 7 fois 9? etc.

732. Combien font 7 fois 30? 7 fois 300? 6 fois 50? 60 fois 500? etc.

EXERCICES ÉCRITS ET PROBLÈMES

733. Écrivez l'exercice suivant, et remplacez le tiret par le nombre convenable : 6 fois — font 30 ; 6 fois —, 48 ; 7 fois —, 14 ; 7 fois —, 42 ; 7 fois —, 63 ; 6 fois —, 36 ; 6 fois —, 24.

Effectuez de tête les multiplications et les problèmes suivants, et écrivez-en les résultats :

734. 6 fois 7 ... ; 6 fois 5 ... ; 7 fois 6 ... ; 7 fois 9 ....
735. 7 fois 8 ... ; 7 fois 7 ... ; 7 fois 3 ... ; 6 fois 8 . . .
736. 6 fois 3 ... ; 6 fois 6 ... ; 7 fois 7 ... ; 6 fois 4 ....
737. 6 fois 9 ... ; 7 fois 2 ... ; 6 fois 1 ... ; 7 fois 2 ....

738. Quel est le prix d'une demi-douzaine de serviettes à 2 francs chaque serviette ?

739. Un hectare de vigne produit 30 hectolitres de vin. Quelle sera la récolte d'un vigneron qui possède 7 hectares de vigne ?

740. Les chevaux d'un cultivateur consomment par jour 50 litres d'avoine et 40 kilogr. de foin. Quelle est : 1° la consommation d'avoine par semaine ; 2° celle de foin par mois de 30 jours ?

CHANGEMENT DE L'ORDRE DES FACTEURS

138. On peut changer l'ordre des facteurs, sans altérer le produit. Ainsi 5×3 ou 3×5 donnent le même produit 15. De même, 6×4 ou 4×6 donnent 24 pour produit.

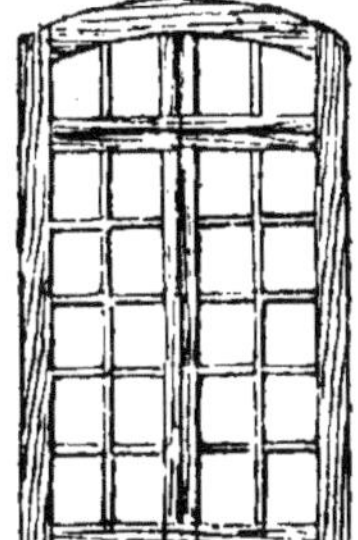

Je considère, par exemple, les 24 carreaux de la fenêtre ci-contre. En comptant de gauche à droite, j'ai 6 lignes de 4 carreaux chacune ou 6 *fois* 4 carreaux. En comptant de haut en bas, j'ai 4 lignes de 6 carreaux chacune ou 4 *fois* 6 carreaux.

Les deux produits 6×4 et 4×6, donnant le même résultat 24, sont égaux.

139. TABLEAU DE MULTIPLICATIONS RÉCIPROQUES.

3	fois	4	font	12	20	fois	70	font	1 400
4	—	3	—	12	70	—	20	—	1 400
5	—	7	—	35	6	—	500	—	3 000
7	—	5	—	35	500	—	6	—	3 000
6	—	40	—	240	400	—	300	—	120 000
40	—	6	—	240	300	—	400	—	120 000

EXERCICES ORAUX

741. Questions. — Qu'arrive-t-il si on change l'ordre des facteurs?
742. Combien font 6 fois 3? 3 fois 6? 4 fois 5? 5 fois 4? etc.

EXERCICES ÉCRITS

Écrivez les deux exercices suivants et remplacez le tiret, par le nombre convenable :

743. 6 fois 7 font —; 7 fois 6, —; 6 fois 5, —; 5 fois 6, —; 4 fois 5, —; 5 fois 4, —; 5 fois 3, —; 3 fois 5, —; 2 fois 7, —; 7 fois 2, —.
744. 5 fois —, 35; 7 fois —, 35; 50 fois —, 3 500; 70 fois —, 3 500; 6 fois —, 12; 2 fois —, 12; 60 fois —, 1 200; 20 fois —, 1 200.

140. 4e TABLEAU DE MULTIPLICATIONS A APPRENDRE PAR CŒUR.

8	fois	1	font	8	9	fois	1	font	9
8	—	2	—	16	9	—	2	—	18
8	—	3	—	24	9	—	3	—	27
8	—	4	—	32	9	—	4	—	36
8	—	5	—	40	9	—	5	—	45
8	—	6	—	48	9	—	6	—	54
8	—	7	—	56	9	—	7	—	63
8	—	8	—	64	9	—	8	—	72
8	—	9	—	72	9	—	9	—	81

EXERCICES ORAUX

745. Exercices d'ensemble. — Lisez le tableau ci-dessus, comme les précédents.
746. Questions. — Combien font 8 fois 5? 5 fois 8? 8 fois 9? 9 fois 8? 7 fois 9? 8 fois 8? etc.
747. Combien font 8 fois 6? 8 fois 60? 8 fois 600? 8 fois 6000? etc.
748. Quel est le nombre 9 fois plus grand que 4? — que 3? — que 9? etc.
749. Par quel nombre faut-il multiplier 8 pour avoir 40? — pour avoir 32? — pour avoir 64?

EXERCICES ÉCRITS ET PROBLÈMES

Faites de tête les multiplications et problèmes qui suivent, et écrivez-en les résultats :

750. 8 × 5; 9 × 8; 9 × 4; 8 × 3.
751. 8 × 6; 9 × 2; 9 × 9; 9 × 5.
752. 8 × 3; 8 × 8; 8 × 7; 9 × 7.
753. 9 × 4; 8 × 4; 8 × 6; 8 × 9.
754. Un coupon de drap de 9 mètres a été acheté 8 francs le mètre. Combien a-t-il coûté?

755. 8 personnes se sont partagé un panier de pêches et ont eu chacune 6 pêches. Combien y avait-il de pêches dans le panier?

756. 9 ouvriers ont reçu chacun 70 francs pour un ouvrage fait en commun. Combien l'ouvrage a-t-il été payé?

TABLE DE PYTHAGORE

141. La *table de multiplication* ci-dessous résume tous les produits de deux nombres d'un seul chiffre. Elle a été inventée par Pythagore (1).

1	2	3	4	5	**6**	7	8	9
2	4	6	8	10	12	14	16	18
3	6	9	12	15	**18**	21	24	27
4	8	12	16	20	24	28	32	36
5	10	15	20	25	30	35	40	45
6	12	18	24	30	36	42	48	54
7	14	21	28	35	42	49	56	63
8	16	24	32	40	48	56	64	72
9	18	27	36	45	54	63	72	81

Pour trouver le produit de 3 par 6, par exemple, je prends **6** dans la première colonne horizontale, puis je descends verticalement jusqu'à la **3**e colonne : le nombre **18** inscrit dans la case où je m'arrête est le produit cherché.

MULTIPLICATION D'UN NOMBRE DE DEUX CHIFFRES PAR UN NOMBRE D'UN SEUL CHIFFRE

142. L'opération se fait de tête, en décomposant le nombre de deux chiffres en dizaines et unités.

(1) Pythagore, philosophe grec, vivait au VIe siècle avant Jésus-Christ.

Exemple : 21 × 8. Le multiplicande 21 étant égal à 20 + 1, je dis : 8 fois 20, 160; 8 fois 1, 8; 160 et 8, 168.

Autre exemple : 14 × 6. Je dis : 6 fois 10, 60; 6 fois 4, 24; 60 et 24, 84.

EXERCICES ORAUX

757. Questions. — Comment multiplie-t-on un nombre de deux chiffres par un nombre d'un seul ?

758. Combien font 12 × 4? 14 × 5? 22 × 6? 33 × 5? 42 × 6?

759. Quel est le nombre 4 fois plus grand que 44? — que 61? etc.

760. Un commis gagne 82 francs par mois. Combien gagne-t-il par semestre?

EXERCICES ÉCRITS ET PROBLÈMES

Faites de tête les multiplications et les problèmes qui suivent, et indiquez-en les résultats :

761. 35 × 4; 61 × 5; 54 × 6.

762. 43 × 70; 26 × 60; 27 × 20.

763. 18 × 3; 26 × 5; 83 × 4.

764. 16 × 60; 58 × 30; 39 × 30.

765. Un ouvrier a travaillé 16 jours à 4 francs par jour. Combien lui doit-on?

766. Le jour comprenant 24 heures et l'heure 60 minutes, combien y a-t-il de minutes dans un jour?

767. Que valent 7 douzaines de couteaux à 23 francs la douzaine?

768. Dites le prix de 5 douzaines de mouchoirs à 1 franc chaque mouchoir.

769. Combien valent 4 douzaines de brioches à 1 sou pièce?

MULTIPLICATION D'UN NOMBRE DE PLUS DE DEUX CHIFFRES PAR UN NOMBRE D'UN SEUL

143. Je commence par la droite, et je multiplie chaque chiffre du multiplicande par le chiffre du multiplicateur, en ayant soin d'ajouter au produit suivant la retenue, quand il y en a.

Soit à multiplier 637 par 4. Je dis :

4 fois 7, 28; je pose 8 unités et retiens 2 dizaines.

4 fois 3, 12, et 2 de retenue, 14; je pose 4 dizaines et retiens 1 centaine.

4 fois 6, 24, et 1 de retenue, 25; je pose 5 et avance 2.

637	*multiplicande.*
4	*multiplicateur.*
2 548	*produit.*

EXERCICES ORAUX

770. Questions. — Comment faites-vous l'opération lorsque le mu tiplicande a plus de deux chiffres, le multiplicateur n'en ayant qu'un seul? — Écrivez une multiplication de ce genre au tableau, et effectuez. (Plusieurs élèves vont tour à tour au tableau.)

EXERCICES ÉCRITS ET PROBLÈMES

Faites les multiplications et les problèmes qui suivent :

771.	748 × 5	629 × 3	**779.**	2647 × 3	24936 × 5
772.	365 × 6	834 × 4	**780.**	6532 × 4	32483 × 6
773.	952 × 7	693 × 2	**781.**	5928 × 7	63537 × 8
774.	348 × 4	2759 × 9	**782.**	4352 × 5	45878 × 9
775.	657 × 5	326 × 6	**783.**	8569 × 7	52389 × 5
776.	842 × 9	943 × 7	**784.**	2938 × 6	86724 × 4
777.	2935 × 8	5634 × 2	**785.**	34625 × 8	362587 × 2
778.	3846 × 6	4925 × 9	**786.**	56849 × 9	987839 × 3

787. Un bateau transporte par voyage 246 personnes, payant chacune 1 franc. Sachant qu'il a fait 6 voyages dans la journée, dites quel est le montant de la recette.

788. Le nef d'une cathédrale contient 9 rangées de chaises, dans chacune desquelles il y a 95 chaises. Combien de places en tout dans la nef?

789. Un fabricant de chapeaux de paille a fait une livraison de 3 475 chapeaux, vendus 7 francs pièce. Quel est le montant de la facture?

790. Une bibliothèque publique comprend 8 rayons, sur chacun desquels il y a 2 655 volumes. Combien de volumes en tout?

791. Combien gagne par an un ouvrier qui fait 296 jours de travai dans l'année et qui est payé 6 francs par jour?

792. Avec une machine à coudre, une confectionneuse peut faire 728 paletots dans une année. Combien gagne-t-elle si chaque paletot lui est payé 4 francs?

793. On donne à un cheval une botte de foin de 8 kilogr. chaque jour. Combien de kilogr. consomme-t-il par an?

794. Sachant que les fers des chevaux sont renouvelés tous les mois, combien faut-il de fers par mois pour un régiment de cavalerie comprenant 2873 chevaux?

795. Un édifice est percé de 278 fenêtres semblables ayant chacune 8 carreaux. On demande : 1° combien il y a de carreaux en tout; 2° le prix de la vitrerie si chaque carreau a coûté 3 francs.

796. Un chef d'usine emploie 346 ouvriers qui sont payés l'un dans l'autre 5 francs par jour. Combien lui faut-il chaque samedi pour les payer?

797. Un épicier vend en moyenne par trimestre 259 pains de sucre, pesant chacun 7 kilogr. Dites : 1° combien il vend de kilogr. par trimestre ; 2° combien par an ; 3° quel est le produit de la vente annuelle à raison de 2 francs le kilogr.

798. Il y a dans une caisse 76 paquets de bougies, dont chacun en contient 8. Combien y a-t-il de bougies dans 6 caisses semblables ?

799. Sachant que 1 litre d'eau pèse 1 kilogr., quel sera le poids de l'eau transportée par 5 chariots contenant chacun 6 tonneaux dans chacun desquels on a versé 225 litres d'eau ?

HUITIÈME MOIS

Sommaire. — Multiplication par un nombre de plusieurs chiffres. — Preuve de la multiplication. — Preuve par 9. — Exercices oraux et écrits ; problèmes. — Cas où les facteurs contiennent des zéros. — Cas où les facteurs sont terminés par des zéros. — Exercices et problèmes. — Multiplication des nombres décimaux. — Exercices et problèmes. — Comment on multiplie un nombre entier et un nombre décimal par 10, 100, 1 000, etc. — Exercices et problèmes sur les trois premières opérations combinées.

MULTIPLICATION DE DEUX NOMBRES DE PLUSIEURS CHIFFRES

144. Lorsque le multiplicateur a plusieurs chiffres, je multiplie le multiplicande par chacun des chiffres du multiplicateur. J'écris les **produits partiels** les uns sous les autres en reculant successivement d'un rang à gauche le premier chiffre de chacun d'eux. Puis j'additionne les produits partiels pour avoir le **produit total.**

Exemple : Soit à multiplier 43 726 par 8 543.

Le produit de 43 726 par 3 unités donne 131 178 unités.	43726	multiplicande.
Le produit de 43 726 par 4 dizaines donne 174 904 dizaines.	8543	multiplicateur.
Le produit de 43 726 par 5 centaines donne 218 630 centaines.	131178	1er produit partiel.
Le produit de 43 726 par 8 mille donne 349 808 mille.	174904.	2e —
La réunion de ces quatre produits donne le produit total, 373 551 218 unités.	218630 . .	3e —
	349808 . . .	4e —
	373551218	Produit total.

PREUVE DE LA MULTIPLICATION

145. Pour faire la preuve d'une multiplication, **je change**

l'ordre des facteurs et je fais une nouvelle multiplication. Si les produits sont égaux, l'opération est exacte.

Multiplication.	Preuve.
43726	8543
8543	43726
131178	51258
174904	17086
218630	59801
349808	25629
	34172
373551218	373551218

Les deux produits étant égaux, l'opération est bien faite.

PREUVE PAR 9

146. 1° *J'additionne les chiffres du multiplicande :*

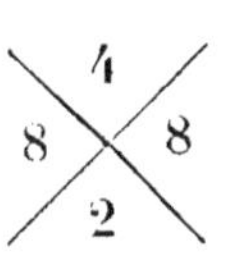

4 et 3, 7, et 7, 14. Je retranche 9 de 14, ou j'additionne les chiffres de 14 (1 et 4, 5). Je continue : 5 et 2, 7, et 6, 13. Je retranche 9 de 13 ou j'additionne les chiffres (1 et 3, 4). J'écris 4 dans l'angle supérieur des deux barres en croix.

2° *J'additionne de la même manière les chiffres du multiplicateur :*

8 et 5, 13 (1 et 3, 4); 4 et 4, 8, et 3, 11 (1 et 1, 2). J'écris 2 dans l'angle inférieur.

3° *Je multiplie l'un par l'autre les deux chiffres obtenus :*

2 fois 4, 8. Je pose 8 dans l'angle de gauche.

4° *J'additionne les chiffres du produit :*

3 et 7, 10 (1 et 0, 1); 1 et 3, 4, et 5, 9 (je retranche 9, reste 0). 5 et 1, 6, et 2, 8, et 1, 9 (0); 8. J'écris 8 dans l'angle de droite.

Le chiffre de droite étant le même que le chiffre de gauche, l'opération est exacte.

EXERCICES ORAUX

800. Questions. — Comment faites-vous la multiplication lorsque le multiplicateur a plusieurs chiffres? — Combien y a-t-il de produits partiels dans une multiplication ?

801. Comment placez-vous le premier chiffre du 2e produit partiel?

— du 3e? — du 4e? — Pourquoi reculez-vous d'un rang à gauche à chaque nouveau produit partiel?

802. Écrivez au tableau une multiplication par plusieurs chiffres, et effectuez. (Plusieurs élèves vont tour à tour au tableau.)

803. Comment faites-vous la preuve de la multiplication? — Expliquez les deux manières au tableau.

EXERCICES ÉCRITS ET PROBLÈMES

Faites les multiplications et les problèmes qui suivent :

804. 5629 × 43	**812.** 5483 × 673	**820.** 38427 × 2543
805. 2876 × 52	**813.** 43184 × 528	**821.** 39276 × 4627
806. 4365 × 64	**814.** 6379 × 796	**822.** 58735 × 3246
807. 33946 × 83	**815.** 29835 × 47	**823.** 298345 × 8927
808. 2857 × 269	**816.** 73489 × 98	**824.** 467534 × 7985
809. 6733 × 758	**817.** 24856 × 785	**825.** 34927 × 5698
810. 37854 × 693	**818.** 9234 × 436	**826.** 824835 × 3475
811. 62483 × 245	**819.** 73924 × 652	**827.** 978065 × 9367

828. Dans une salle, il y a 28 banquettes sur chacune desquelles peuvent s'asseoir 238 personnes. Combien de places en tout?

829. S'il n'y avait pas d'années bissextiles, combien y aurait-il de ours dans 63 ans?

830. Une cour pavée régulièrement contient 237 pavés par rangée dans le sens de la longueur; on compte le nombre des rangées et on en trouve 94. Combien de pavés dans toute la cour?

831. Un robinet donne 354 litres d'eau par heure; combien 8 robinets de même calibre donneraient-ils de litres en 4 jours de 24 heures?

832. Il y a dans un livre 234 pages; chaque page contient 38 lignes; les lignes renferment l'une dans l'autre chacune 9 mots, et chaque mot 6 lettres. Combien y a-t-il de lettres dans le volume?

833. Pour la bordure des 2 trottoirs d'une rue de 363 mètres de longueur, on a employé des blocs de granit valant tout posés 24 francs le mètre de longueur. A combien revient cette bordure?

834. Pour faire un ouvrage de terrassement, on a employé 28 ouvriers pendant 35 jours. S'il n'y avait eu qu'un seul ouvrier, combien aurait-il mis de jours pour faire cet ouvrage?

835. Un vigneron a 7 hectares de vigne dans lesquels il a récolté 28 hectolitres de vin par hectare. Il a vendu ce vin 36 francs l'hectolitre. Combien a-t-il reçu?

MULTIPLIER UN NOMBRE PAR 1

147. Tout nombre multiplié par 1 ne change pas.

Exemple : 1 fois 4 fait 4; 1 fois 7 fait 7. De même, 7 fois 1 font 7; 4 fois 1 font 4.

MULTIPLIER UN NOMBRE PAR 0 (ZÉRO)

148. Tout nombre multiplié par 0, donne au produit 0.
Exemple : 0 fois 5 fait 0 ; 0 fois 8 fait 0. De même, 5 fois 0 font 0 ; 8 fois 0 font 0.

QUAND LE MULTIPLICANDE A DES ZÉROS

149. Exemple : soit à multiplier 4090 par 27.

Je dis : 7 fois 0 font 0 ; je pose 0 sous les unités.
7 fois 9, 63 ; je pose 3 et retiens 6.
7 fois 0, 0, et 6, 6 ; je pose 6.
Etc.

```
  4090
    27
 -----
 28630
 8180
------
110430
```

QUAND LE MULTIPLICATEUR A DES ZÉROS

150. Lorsque le multiplicateur a un ou plusieurs zéros, je néglige complètement ces zéros, mais j'ai soin d'écrire **le premier chiffre** du produit partiel suivant au **même rang** que le chiffre du multiplicateur employé.

Exemple : Soit à multiplier 95847 par 308004.

Je multiplie 95 847 par 4, et j'ai 383 388 unités.
Je néglige les deux zéros suivants, et je passe au 8, qui est au 4ᵉ rang.
Je dis : 8 fois 7, 56 ; je pose 6 au 4ᵉ rang, etc.
Je néglige le zéro suivant, et je passe au 3, qui est au 6ᵉ rang.
Je dis : 3 fois 7, 21 ; je pose 1 au 6ᵉ rang, etc.

```
       95847
      308004
 -----------
      383388
   766776
 287541
 -----------
 29521259388
```

EXERCICES ORAUX

836. Questions. — Quel produit obtient-on en multipliant un nombre par 1 ? — par 0 ? — Que faites-vous lorsque le multiplicande a des zéros ? — Écrivez un exemple au tableau, et opérez.

837. Que faites-vous lorsque le multiplicateur a des zéros ? — Écrivez un exemple au tableau, et opérez.

EXERCICES ÉCRITS

Faites les multiplications et les problèmes qui suivent :

838.	7314 × 304	**842.**	1691 × 2070	**846.**	76006 × 14005
839.	6187 × 280	**843.**	5908 × 3009	**847.**	21040 × 31007
840.	3089 × 605	**844.**	24107 × 6008	**848.**	60718 × 83050
841.	6901 × 870	**845.**	31809 × 7605	**849.**	40026 × 60071

850. Une propriété de 152 hectares a été vendue à raison de 1 709 francs l'hectare. Combien a-t-elle coûté ?

851. On estime que les 1 508 chevaux d'un régiment de cavalerie valent chacun 680 francs. Quelle est la valeur totale?

852. Un vaisseau a 1 007 hommes d'équipage, dont chacun consomme 415 grammes de biscuit par jour. Quelle sera la consommation totale au bout de 15 jours?

QUAND LES FACTEURS SONT TERMINÉS PAR DES ZÉROS

151. Quand les facteurs sont terminés par des zéros, je fais l'opération sans en tenir compte, mais j'écris sur la droite du produit **autant de zéros** qu'il y en a dans les **deux facteurs.**

Exemple : Soit à multiplier 43000 par 3700.

Je multiplie 43 par 37, et à droite du produit 1591 j'écris cinq zéros, ce qui donne pour produit véritable 159100000.

```
   43000
    3700
  ------
    301
   129
 ---------
 159100000
```

152. Remarque. — Pour abréger l'opération, il faut toujours prendre pour multiplicateur le nombre qui a le *moins de chiffres* sans compter les zéros.

Ainsi, dans la multiplication de 309006 par 24857, je prends 24587 pour multiplicande et 309006 pour multiplicateur.

EXERCICES ORAUX

853. Questions. — Que faites-vous lorsque les facteurs sont terminés par des zéros? — Si l'un des facteurs seul a des zéros?

854. Quel nombre faut-il prendre pour multiplicateur? — Écrivez des exemples au tableau, et opérez.

EXERCICES ÉCRITS ET PROBLÈMES

Faites les multiplications et les problèmes qui suivent :

855.	73500 × 900	**859.**	65000 × 32000	**863.**	30400 × 2987
856.	14000 × 1460	**860.**	10400 × 60800	**864.**	26900 × 8000
857.	8900 × 250	**861.**	40905 × 63000	**865.**	74000 × 610
858.	40500 × 170	**862.**	51000 × 20803	**866.**	509060 × 7800

867. Dans le département d'Eure-et-Loir, surnommé le *Grenier de Paris*, on cultive chaque année 240 000 hectares en blé. Si chaque hectare donne 200 gerbes et chaque gerbe 5 litres de blé, calculez le nombre de litres de blé récoltés dans le département.

868. La ville de Paris possède 270 écoles primaires publiques, fréquentées en moyenne par 300 enfants. Toutes les fournitures sont données par la ville, qui dépense ainsi 6 fr. par élève chaque année. On demande : 1° le nombre total des élèves ; 2° la dépense totale pour les fournitures en 5 années.

MULTIPLICATION DES NOMBRES DÉCIMAUX

153. Je fais la multiplication des nombres décimaux comme j'ai fait celle des nombres entiers ; puis je sépare sur la *droite* du produit, par une virgule, *autant de chiffres décimaux* qu'il y en a dans les deux facteurs.

Exemple : Soit à multiplier 3,525 par 19,3.

Je multiplie 3525 par 193, ce qui donne 680325 ; puis je sépare 4 chiffres décimaux à partir de droite, et j'ai pour produit 68,0325.

```
   3,525
    19,3
  ------
   10575
  31725
  3525
  ------
 68,0325
```

EXERCICES ORAUX

869. Questions. — Comment faites-vous la multiplication des nombres décimaux? — Écrivez un exemple au tableau, et opérez. (Plusieurs élèves vont tour à tour au tableau.)

EXERCICES ÉCRITS ET PROBLÈMES

Faites les multiplications et les problèmes qui suivent :

870.	74,53 × 8,65	**874.**	5,33 × 0,25	**878.**	0,32 × 0,46
871.	9,845 × 7,3	**875.**	8,79 × 0,072	**879.**	0,091 × 0,24
872.	56,4 × 2,47	**876.**	56,4 × 0,028	**880.**	0,075 × 0,061
873.	83,92 × 5,8	**877.**	43,9 × 0,87	**881.**	0,009 × 0,009

882. Un ouvrier tisse chaque jour 3^{m}, 80 d'étoffe, qui lui sont payés à raison de 1 fr. 55 le mètre. Combien gagne-t-il par jour?

883. Un marchand de vin qui a acheté 16 tonneaux de vin, de chacun 228 litres, calcule que ce vin lui revient, tous frais compris, à 0 fr. 45 le litre. A combien lui revient le tout?

884. Un cultivateur a un troupeau de 72 moutons qu'il a fait tondre et dont chacun a produit 2 kilogr. 50 de laine. Quelle est la valeur de cette laine, à raison de 3 fr. 35 le kilogr.?

885. Lorsque le pain vaut 0 fr. 45 le kilogr., quelle est la recette d'un boulanger qui a vendu dans la journée 148 pains de 2 kilogr.?

886. Dans une famille de 5 personnes, chaque personne boit en moyenne 0 litre 35 de vin par jour. Quelle est la dépense totale par semaine, si le vin vaut 0 fr. 75 le litre?

887. Pour se faire une robe, une jeune fille a employé 8^{m}, 75 d'étoffe, valant 1 fr. 30 le mètre. A combien lui revient cette robe?

888. Que valent 6 douzaines de chemises à 3 fr. 85 chaque chemise?

889. Quel est le prix de 3 douzaines de crayons à 0 fr. 02 l'un?

890. Un fabricant de porte-monnaie en a livré 4 douzaines au prix de 1 fr. 30 pièce. Quel est le montant de sa facture?

891. Un omnibus contient 16 places, pour chacune desquelles on paye 0 fr. 40. Combien recevra le conducteur s'il fait 6 voyages avec outes les places occupées?

892. On paye 0 fr. 25 pour visiter un monument public. Combien produit l'entrée par semaine, si chaque jour il entre en moyenne 287 personnes?

MULTIPLIER UN NOMBRE PAR 10, 100, 1 000, ETC.

154. *Nombres entiers.* — Pour multiplier un nombre par 10, je place un zéro à sa droite; par 100, deux zéros; par 1 000, trois zéros, etc.

Ainsi, 18 multiplié par 10 devient 180; par 100, 1800, etc.

155. *Nombres décimaux.* — Pour multiplier un nombre décimal par 10, je porte la virgule de 1 rang à droite; par 100, de 2 rangs à droite; par 1000, de 3 rangs, etc.

Ainsi, 3,62 multiplié par 10 devient 36,2; par 100, 362; par 1000, 3620.

EXERCICES ORAUX

893. Questions. — Comment multiplie-t-on un nombre entier par 10? — par 100? — par 10 000? — par 100 000? — Comment multiplie-t-on un nombre décimal par 10? — par 100? — par 10 000? etc.

894. Écrivez un nombre entier au tableau, et multipliez-le par 100; par 1 000; par 10 000.

895. Écrivez un nombre décimal, et multipliez-le par 10; par 1 000.

EXERCICES ÉCRITS ET PROBLÈMES

Faites les multiplications et les problèmes qui suivent :

896.	584 × 100	**900.**	2,43 × 1000	**904.**	876 × 10000
897.	2640 × 1000	**901.**	87 × 100	**905.**	5,758 × 10
898.	39,7 × 10	**902.**	3,65 × 100	**906.**	7,45 × 10000
899.	8,625 × 100	**903.**	384 × 10	**907.**	59 × 100

908. Un épicier a acheté 10 sacs de café pesant chacun 100 kilogr., à raison de 3 fr. 35 le kilogr. Combien a-t-il payé?

909. Que valent 18 pièces d'étoffe de chacune 100 mètres de longueur à 10 fr. le mètre?

910. 1 kilogr. de farine donne, par l'eau qu'il absorbe dans le pétrissage, 1 kilogr. 320 de pain. Quelle quantité de pain peut-on faire avec 1 000 kilogr de farine?

911. Une vache laitière consomme par an 1 000 kilogr. de foin et 10 000 kilogr. de betteraves. Le foin vaut 0 fr. 12 le kilogr., et les betteraves 0 fr. 016 le kilogr. Quelle est la dépense : 1° en foin ; 2° en betteraves?

EXERCICES SUR L'ADDITION, LA SOUSTRACTION ET LA MULTIPLICATION COMBINÉES

Effectuez d'abord les additions ou soustractions comprises entre parenthèses, et multipliez ensuite :

912. (249 + 156) × 344
913. (726 + 98) × 1063
914. (5315 — 3928) × 87
915. (15,75 — 6,90) × 3,50
916. 4,50 × (36 + 19 + 315)
917. 17,85 × (76 + 84 + 136)
918. (429 + 236 — 509) × 6,40
919. (93 — 59 + 64) × 596

Effectuez d'abord les multiplications comprises entre parenthèses, et additionnez ou soustrayez ensuite les produits :

920. (273 × 17) + (48 × 59)
921. (4,75 × 34) + (7,50 × 19)
922. (9,90 × 126) — (5,50 × 74)
923. (7,35 × 58) — (9,80 × 25)
924. (39 × 16) + (45 × 13) + (58 × 24)
925. (120 × 400) + (315 × 640) + (436 × 500)
926. (15,60 × 9) + (36,45 × 8) — (29,15 × 7)
927. (44 × 15) — (16,25 × 3) + (53,40 × 35)

PROBLÈMES SUR L'ADDITION, LA SOUSTRACTION ET LA MULTIPLICATION COMBINÉES

928. On a acheté, à raison de 0 fr. 65 le litre, deux tonneaux de vin contenant le premier 180 litres, le second 225 litres. Combien a-t-on payé ?

929. Une ménagère a acheté $16^{m},50$ de toile quelle a payés 2 fr. 40 le mètre. Elle en a employé $9^{m},80$ pour faire des chemises, et elle a fait des serviettes avec le reste. A combien lui reviennent les serviettes?

930. Une jeune fille avait acheté à condition $12^{m},80$ d'étoffe à 3 fr. le mètre. Elle en garde seulement $8^{m},90$ et reporte le reste au marchand. Combien doit-on lui rendre?

931. Un épicier achète son café par sacs de 100 kilogr. au prix de 4 fr. 25 le kilogr., et il le revend au détail 5 fr. 75. Quel est son bénéfice sur 12 sacs?

932. Un maître d'hôtel achète 28 volailles à 2 fr. 90 pièce. Il paye son achat avec un billet de 100 fr. Combien doit-on lui rendre?

933. Un épicier achète son savon en gros à 1 fr. 20 le kilogr. Il en a reçu une 1re fois 176 kilogr., une 2e fois 98 kilogr., une 3e fois 245 kilogr., une 4e fois 57 kilogr. Combien doit-il en tout?

934. Une propriété comprend 16 hectares de terres labourables, 9 hectares 35 de pré et 6 hectares 40 de vigne. Le tout a une valeur moyenne de 2600 fr. l'hectare. Quelle est la valeur de la propriété?

935. Un ouvrier gagne 6 fr. 50 par jour et travaille 285 jours an. Il dépense chaque jour 3 fr. 75. Combien économise-t-il dans une année?

936. Dans une famille, le père gagne par jour 4 fr. 20, la mère 2 fr. 60, chacun des deux enfants 1 fr. 40. Quel est le gain de 6 semaines de chacune 6 jours de travail?

937. Mon père a acheté une pièce de vin de 225 litres à 0 fr. 55 le litre. Il a mis ce vin dans 300 bouteilles qui lui ont coûté 0 fr. 15 pièce. A combien lui revient son vin mis en bouteilles?

938. Pour faire une chemise, on a employé $2^{m},60$ de calicot valant $1^{m},75$ le mètre; il a fallu 0 fr. 20 de boutons, 0 fr. 15 de fil, et on a payé en outre 2 fr. 60 de façon. A combien revient la chemise?

939. Pour tapisser une chambre, il a fallu 7 rouleaux de papier à 1 fr. 75 le rouleau, et 5 rouleaux de bordure à 2 fr. 20 l'un. On a payé en outre 6 fr. pour la pose du papier. A combien revient la tapisserie de cette chambre?

940. Un tailleur a employé, pour faire un paletot : $1^{m},75$ de drap qui lui coûte 9 fr. 20 le mètre ; $1^{m},40$ de doublure à 2 fr. 30 le mètre et 6 boutons à 0 fr. 10 l'un. Combien doit-il vendre ce paletot pour gagner 25 francs?

941. Dans son verger, une fermière a récolté 76 kilogr. de cerises rondes, 139 kilogr. de guignes et 245 kilogr. de prunes. Elle a vendu les cerises 0 fr. 60 le kilogr., les guignes 0 fr. 45 et les prunes 0 fr. 70. Combien a-t-elle reçu pour le tout?

942. Une armée comprend 36 régiments d'infanterie de chacun 3 000 hommes et 185 escadrons de cavalerie de chacun 150 hommes. Combien de soldats dans toute l'armée?

943. Dans une fabrique, il y a 76 ouvriers gagnant chacun 5 fr. 25 par jour et 18 enfants gagnant chacun 2 fr. par jour. Combien faut-il pour payer le personnel chaque samedi, en admettant qu'on ne travaille pas le dimanche?

944. Le trousseau d'un enfant que l'on met en pension se compose de 6 chemises valant 3 fr. 50 l'une, 6 serviettes à 1 fr. 25 l'une, 6 paires de bas à 2 fr. la paire, 12 mouchoirs de poche à 1 fr. chacun et un uniforme coûtant 64 fr. Quelle est la valeur du trousseau?

945. On envoie un enfant en commissions avec une pièce de 5 fr. Il prend chez le boulanger un pain de 3 kilogr. à 0 fr. 35 le kilogr. et chez le boucher 1 kilogr. 5 de viande à 2 fr. 40 le kilogr. Combien d'argent doit-il rapporter?

946. Un faïencier a vendu 7 douzaines d'assiettes à 0 fr. 35 chaque assiette. Comme on le payait comptant, il a fait une diminution de 6 fr. 40 sur la facture. Combien a-t-il reçu?

947. Un propriétaire paye 575 fr. de contributions par an. Il a déjà fait 4 versements de chacun 80 fr. 75. Combien redoit-il?

948. Un marchand de parapluies a acheté en gros 5 douzaines de parapluies pour 380 fr. et 3 douzaines d'ombrelles pour 139 fr. Il a vendu chaque parapluie 9 fr. et chaque ombrelle 4 fr. Quel est son bénéfice?

949. Une hirondelle détruit en moyenne 450 insectes par jour, et un martinet 520. Dire combien 100 hirondelles et 20 martinets peuvent détruire d'insectes pendant les mois de juin, juillet et août.

950. Facture d'un marchand de porcelaine :

4 douzaines d'assiettes creuses à 0 fr. 35 pièce .	
7 douzaines d'assiettes plates à 0 fr. 30 » .	
9 plats ronds à 1 fr. 60	
8 plats ovales à 2 fr. 25	
TOTAL . . .	

951. Facture d'un marchand de verrerie :

6 douzaines de verres ordinaires à 0 fr. 25 pièce	
4 douzaines de verres à pied à 0 fr. 60 pièce. .	
15 verres à pied en cristal à 1 fr. 10.	
TOTAL . . .	
Reçu à compte . . .	35 fr.
REDU . . .	

952. Calculer le montant de la facture suivante :

Nouveautés. Lingerie.
Tapis. AU BON MARCHÉ. Dentelles.

Madame Dulac *Doit*.

Paris, 8 janvier 18. .

	fr.	c.
13m,50 de soie, à 16 fr. 70 le mètre.		
3m,40 de dentelle, à 22 francs le mètre.		
7m,50 de cachemire, à 4 fr. 80 le mètre		
8m,25 de popeline, à 3 fr. 75 le mètre.		
6 paires de bas d'enfant, à 1 fr. 80 la paire. . . .		
24 serviettes damassées, à 32 francs la douzaine. .		
1 parapluie, à 14 fr. 50.		
1 tapis foyer, à 15 francs.		
TOTAL. . . .		

Pour acquit :

Paris, le. . . . . . .

NEUVIÈME MOIS

Sommaire. Ce que c'est que la division. — Le diviseur et le quotient n'ont qu'un seul chiffre. — Divisions mentales de dizaines, de centaines, de mille. — Demi, tiers, quart, cinquième, etc. — Reste de la division. — Exercices oraux et écrits. — Divisions graduées dans lesquelles le quotient n'a qu'un seul chiffre. — Exercices et problèmes. — Divisions graduées dans lesquelles le quotient a plusieurs chiffres. — Preuve de la division. — Preuve par 9. — Cas où il y a des zéros au quotient. — Exercices et problèmes.

DIVISION

156. Je veux partager une boîte de 12 bonbons entre 3 camarades, de façon qu'ils en aient autant l'un que l'autre; je

12 bonbons divisés en 3 parts donnent 4 pour chaque part.
12 est le dividende; 3, le diviseur; 4, le quotient.

fais autant de parts égales que j'ai de camarades; je divise, je partage 12 en 3, pour savoir combien chacun doit avoir : je fais ainsi une **division**.

Diviser signifie **partager en parties égales.**

157. Division. — La division a pour but de partager un nombre en autant de parties égales qu'il y a d'unités dans un autre nombre.

158. Le nombre qui est partagé, divisé, s'appelle **dividende**.

Le nombre qui divise s'appelle **diviseur**.

Le résultat de la division s'appelle **quotient**.

159. En considérant le nombre de bonbons contenus dans chaque part, je vois que le nombre 4 est contenu 3 fois dans le nombre 12.

La division a donc encore pour but de chercher combien de fois un nombre en contient un autre.

160. Je vois aussi que chacune des parts est 3 fois plus petite que le nombre partagé; 4 est 3 fois plus petit que 12 : Diviser signifie donc aussi *rendre tant de fois plus petit.*

161. Enfin, on peut dire que la division est l'*inverse de la multiplication* : le dividende est un produit; le diviseur, l'un des facteurs; le quotient, l'autre facteur. Ainsi, en divisant 12 par 3, on trouve 4 au quotient, parce que 4 fois 3 font 12.

162. La division s'indique par *deux points* ou par un *trait horizontal* que l'on place entre le dividende et le diviseur. Exemple : 24 : 6 ou $\frac{24}{6}$ (Prononcez, dans les deux cas, 24 divisé par 6.)

1° QUAND LE DIVISEUR ET LE QUOTIENT N'ONT QU'UN SEUL CHIFFRE

163. Lorsque le diviseur et le quotient n'ont qu'un seul chiffre, la division se fait de tête au moyen de la table de multiplication.

164. TABLEAU DE DIVISIONS.

2 fois 3 font 6	en 6 combien de fois 2 ?	3 fois
	en 6 — 3 ?	2 —
3 — 5 — 15	en 15 — 3 ?	5 —
	en 15 — 5 ?	3 —
4 — 7 — 28	en 28 — 4 ?	7 —
	en 28 — 7 ?	4 —
5 — 6 — 30	en 30 — 5 ?	6 —
	en 30 — 6 ?	5 —
7 — 8 — 56	en 56 — 7 ?	8 —
	en 56 — 8 ?	7 —
9 — 5 — 45	en 45 — 9 ?	5 —
	en 45 — 5 ?	9 —

EXERCICES ORAUX.

953. Questions. — Que signifie diviser? — Quel est le but de la division? — Expliquez comment la division est l'inverse de la multiplication. — Comment se nomme le nombre qui est divisé? — le nombre qui divise? — le résultat de la division?

954. Exercice d'ensemble. — Lisez ensemble chacune des deux colonnes du tableau ci-dessus.

955. Questions. — En 48 combien de fois 6? combien de fois 8?— En 42 combien de fois 6? combien de fois 7? etc.

956. Une mère partage 6 oranges entre ses trois enfants. Combien chacun en aura-t-il? (Lorsqu'il s'agit de partager une quantité en parties égales, faites une division.)

957. 4 mètres d'étoffe ont coûté 20 francs. Quel est le prix du mètre? (Lorsque vous connaissez le prix de plusieurs unités de même valeur et que vous cherchez le prix d'une seule, faites une division.)

958. Si un chapeau coûte 7 francs, combien aura-t-on de chapeaux semblables pour 28 francs? Autant de fois 7 francs sont contenus dans 28 francs, autant on aura de chapeaux. (Lorsque vous cherchez combien de fois un nombre est contenu dans un autre, faites une division.)

959. Quel est le nombre 5 fois plus petit que 40? (Lorsque vous connaissez un produit et l'un de ses facteurs, pour trouver l'autre facteur, faites une division.)

EXERCICES ÉCRITS ET PROBLÈMES.

Écrivez les exercices suivants, et remplacez le tiret par le nombre convenable :

960. En 36 combien de fois 9? — fois. En 25 combien de fois 5? — fois. En 24 combien de fois 6? — fois. En 54 combien de fois 6? — fois. En 48 combien de fois 8? — fois.

961. 5 fois — font 45; 3 fois — font 27; 6 fois — font 54; 3 fois — font 21; 5 fois — font 35; 2 fois — font 16; 4 fois — font 28.

962. 3 enfants ont à se partager 60 centimes. Combien chacun aura-t-il?

963. Une fermière a vendu ses poulets 3 francs pièce et a reçu en tout 27 francs. Combien avait-elle de poulets?

DIVISION DES DIZAINES, DES CENTAINES, DES MILLE

165. Les dizaines, les centaines, les mille, etc., se divisent comme les unités simples.

166. TABLEAU DE DIVISIONS DE DIZAINES, DE CENTAINES ET DE MILLE.

2 fois	30	en	60	combien de fois	30?	2 fois
font	60	en	60	—	2?	30 —
4 fois	50	en	200	—	50?	4 —
font	200	en	200	—	4?	50 —
3 fois	600	en	1 800	—	600?	3 —
font	1 800	en	1 800	—	3?	600 —
7 fois	8 000	en	56 000	—	8 000?	7 —
font	56 000	en	56 000	—	7?	8 000 —

167. Diviser un nombre par 2, c'est en prendre la *moitié*, ou la *demie*.

Diviser un nombre par 3, c'est en prendre le *tiers*.
Diviser un nombre par 4, c'est en prendre le *quart*.
Diviser un nombre par 5, c'est en prendre le *cinquième*.
Diviser un nombre par 6, c'est en prendre le *sixième*.
Etc., etc.

168. TABLEAU DE DIVISIONS PAR DEMIES, TIERS, QUARTS, ETC.

2 fois	7,	14;	la moitié de	14	est de	7
3 —	5,	15;	le tiers de	15	est de	5
4 —	6,	24;	le quart de	24	est de	6
5 —	8,	40;	le cinquième de	40	est de	8
6 —	30,	180;	le sixième de	180	est de	30
7 —	70,	490;	le septième de	490	est de	70
8 —	900,	7 200;	le huitième de	7 200	est de	900
9 —	6 000,	54 000;	le neuvième de	54 000	est de	6 000

EXERCICES ORAUX.

964. Exercices d'ensemble. — Lisez ensemble les deux tableaux précédents.

965. Questions. — En 80 combien de fois 2? combien de fois 40? — En 60 combien de fois 6? combien de fois 10? — En 90 combien de fois 3? combien de fois 30? — En 400 combien de fois 2? combien de fois 200? etc.

966. Quelle est la moitié de 18? — Quel est le tiers de 27? — le cinquième de 45? — le sixième de 360? — le neuvième de 27 000? etc.

PROBLÈMES.

Faites de tête les problèmes suivants, et indiquez-en les résultats :

967. Un héritage de 30 000 francs doit être partagé entre 3 héritiers. Quelle sera la part de chacun d'eux?

968. Une personne charitable qui possède 3 500 francs de revenu en donne, chaque année, le cinquième aux pauvres. Combien ceux-ci reçoivent-ils?

969. Dans une école de 72 élèves, le huitième du nombre des élèves a obtenu le certificat d'études. Quel est ce nombre?

DU RESTE DE LA DIVISION

169. Si on voulait partager 14 oranges entre 3 enfants, chacun d'eux en aurait tout d'abord 4, et il en resterait 2, que l'on ne pourrait partager en trois sans les couper. Ce surplus de 2 est le **reste** de la division de 14 par 3.

170. Le reste de la division doit toujours être **plus petit** que le diviseur.

171. Lorsqu'il y a un reste à la division, le dividende surpasse plus ou moins le produit du diviseur par le quotient. On trouve facilement le quotient au moyen d'une petite recherche de tête, comme dans le tableau ci-dessous, en se rappelant toujours que le reste doit être plus petit que le diviseur.

172. TABLEAU DE DIVISIONS AVEC UN RESTE.

En 9	combien de fois	4?	2 fois,	et il reste 1
En 14	—	4?	3 fois,	— 2
En 19	—	5?	3 fois,	— 4
En 32	—	6?	5 fois,	— 2
En 40	—	6?	6 fois,	— 4
En 43	—	7?	6 fois,	— 1
En 53	—	6?	8 fois,	— 5
En 78	—	8?	9 fois,	— 6

EXERCICES ORAUX.

970. Exercices d'ensemble. — Lisez ensemble le tableau ci-dessus, en répétant deux fois la même ligne.

Questions. — Dites le quotient et le reste des divisions suivantes :

971. 10 : 3; 15 : 6; 18 : 7; 22 : 8; 31 : 7; 34 : 9.
972. 43 : 8; 47 : 6; 51 : 8; 53 : 8; 37 : 6; 67 : 7.

EXERCICES ÉCRITS.

Écrivez les exercices suivants, et remplacez les points par le quotient et le reste convenables :

973. En 12 combien de fois 5, il y est . . . fois, et il reste . . .
En 19 — 4, — . . . fois, et il reste . . .
En 25 — 6, — . . . fois, et il reste . . .
974. En 44 — 8, — . . . fois, et il reste . . .
En 49 — 6, — . . . fois, et il reste . . .
En 54 — 7. — . . . fois, et il reste . . .

2° DIVISIONS GRADUÉES DANS LESQUELLES LE QUOTIENT SEUL N'A QU'UN CHIFFRE

173. 1er EXEMPLE. **79 : 21.**

Je dis : En 79 unités combien de fois 21 unités, ou en 7 dizaines combien de fois 2 dizaines? 3 fois.

Disposition de l'opération.

Dividende. 79	21	diviseur.
Reste . . . 16	3	quotient.

Mais au lieu de faire le produit de 3 par 21, pour le retrancher ensuite de 79, je retranche au fur et à mesure le produit des unités, puis celui des dizaines. Je dis : 3 fois 1, 3, ôté de 9, reste 6; 3 fois 2, 6, ôté de 7, reste 1.

EXERCICES ÉCRITS ET PROBLÈMES.

Faites les divisions et les problèmes qui suivent :

975.	48 : 24	**981.**	67 : 33	**987.**	88 : 44	**993.**	57 : 21
976.	58 : 11	**782.**	79 : 54	**988.**	47 : 34	**994.**	78 : 32
977.	47 : 22	**983.**	36 : 23	**989.**	88 : 22	**995.**	96 : 40
978.	68 : 32	**984.**	65 : 32	**990.**	99 : 33	**996.**	81 : 30
979.	89 : 41	**985.**	59 : 21	**991.**	66 : 11	**997.**	46 : 21
980.	69 : 23	**986.**	45 : 22	**992.**	79 : 20	**998.**	29 : 12

999. Un cultivateur paye 84 francs pour des moutons qu'il a achetés à 21 francs l'un. Dites le nombre de ces moutons.

1000. Un maître veut partager une boîte de 98 plumes entre ses

32 élèves. Lorsqu'il aura fait 32 parts égales, combien lui en restera-t-il ?

1001. J'ai acheté 23 mètres d'étoffe pour 46 francs. Combien ai-je payé le mètre?

174. 2e EXEMPLE. **259 : 82.**

Je dis : En 259 combien de fois 82, ou en 25 dizaines combien de fois 8 dizaines? 3 fois. 3 fois 2, 6, ôtés de 9, reste 3 ; 3 fois 8, 24, ôtés de 25, reste 1.

259	82
13	3

EXERCICES ORAUX.

Retour sur le 971e exercice. — Dites le quotient et le reste des divisions suivantes :

1002. 13 : 4 ; 25 : 9 ; 33 : 7 ; 35 : 8 ; 43 : 9.
1003. 51 : 8 ; 55 : 7 ; 61 : 8 ; 69 : 9 ; 84 : 9.

EXERCICES ÉCRITS ET PROBLÈMES.

Faites les divisions et les problèmes qui suivent :

1004. 269 : 31	**1008.** 541 : 60	**1012.** 148 : 32	**1016.** 749 : 94
1005. 178 : 41	**1009.** 347 : 51	**1013.** 769 : 90	**1017.** 266 : 72
1006. 289 : 40	**1010.** 199 : 42	**1014.** 649 : 81	**1018.** 257 : 51
1007. 456 : 81	**1011.** 567 : 80	**1015.** 139 : 43	**1019.** 278 : 62

1020. Un boucher a payé 128 francs pour des veaux qu'il a achetés 32 francs l'un. Dites le nombre de ces veaux.

1021. Pour faire un pardessus, on a acheté, à raison de 21 francs le mètre, un coupon de drap que l'on a payé 105 francs. Combien ce coupon contenait-il de mètres?

1022. La veille d'une fête publique, une ville a fait distribuer, à parts égales, 159 kilogr. de pain à 53 pauvres. Combien chacun en a-t-il eu?

175. 3e EXEMPLE. **Commencement de la retenue.** — Soit à diviser 347 par 52.

Je dis : En 347 combien de fois 52, ou en 34 combien de fois 5? 6 fois. 6 fois 2, 12, ôtés de 17, reste 5 et je retiens 1 ; 6 fois 5, 30, et 1 de retenue 31, ôtés de 34, reste 3.

347	52
35	6

EXERCICES ÉCRITS ET PROBLÈMES.

Faites les divisions et les problèmes qui suivent :

1023. 116 : 23	**1029.** 390 : 52	**1035.** 467 : 73	**1041.** 306 : 43
1024. 263 : 42	**1030.** 279 : 63	**1036.** 116 : 34	**1042.** 264 : 75
1025. 292 : 53	**1031.** 381 : 74	**1037.** 231 : 46	**1043.** 719 : 87
1026. 454 : 82	**1032.** 472 : 85	**1038.** 711 : 96	**1044.** 282 : 67
1027. 396 : 64	**1033.** 177 : 35	**1039.** 345 : 57	**1045.** 891 : 98
1028. 147 : 33	**1034.** 232 : 44	**1040.** 410 : 66	**1046.** 532 : 76

1047. Un ouvrier a reçu 136 francs pour 34 jours de travail. Combien gagnait-il par jour?

1048. Un copiste transcrit 33 pages par jour d'un volume contenant 264 pages. Combien mettra-t-il de jours pour le copier en entier?

1049. 85 kilogr. de marchandise ont coûté 765 francs. Quel est le prix du kilogramme?

176. 4e EXEMPLE. **Il faut essayer le chiffre du quotient.** — Soit à diviser 184 par 26.

Je dis : En 18 combien de fois 2? il devrait y être 9 fois. 9 fois 6, 54, ôtés de 54, reste 0, et je retiens 5; 9 fois 2, 18, et 5 de retenue 23, ôtés de 18, cela ne se peut. 9 est donc trop fort, à cause de la retenue des unités; j'essaye 8, qui est également trop fort; j'essaye 7, qui est bon.

184	26
02	7

EXERCICES ÉCRITS ET PROBLÈMES.

Faites les divisions et les problèmes qui suivent :

1050. 162 : 47	**1056.** 127 : 33	**1062.** 222 : 37	**1068.** 384 : 48
1051. 239 : 35	**1057.** 189 : 25	**1063.** 526 : 68	**1069.** 619 : 69
1052. 82 : 24	**1058.** 376 : 48	**1064.** 62 : 16	**1070.** 510 : 57
1053. 560 : 71	**1059.** 784 : 99	**1065.** 119 : 15	**1071.** 115 : 18
1054. 451 : 52	**1060.** 53 : 17	**1066.** 318 : 38	**1072.** 154 : 19
1055. 180 : 61	**1061.** 182 : 26	**1067.** 145 : 29	**1073.** 252 : 28

1074. Un train express qui parcourt 59 kilom. à l'heure a déjà fait 354 kilom. Depuis combien d'heures est-il en marche?

1075. Une personne charitable a partagé 90 francs entre 18 pauvres. Combien chacun a-t-il eu?

1076. Une famille a dépensé 232 francs en 29 jours. Quelle a été la dépense par jour?

177. 5e EXEMPLE. **Quand le diviseur a plus de deux chiffres.** — Soit à diviser 19 786 par 9 302.

Je dis : En 19786 combien de fois 9302, ou en 19 mille, combien de fois 9 mille? 2 fois. 2 fois 2, 4, ôtés de 6, reste 2; 2 fois 0, 0, ôté de 8, reste 8; 2 fois 3, 6, ôtés de 7, reste 1; 2 fois 9, 18, ôtés de 19, reste 1.

19786	9302
1182	2

178. 6e EXEMPLE. **Soit à diviser 25 210 par 3 846.**

Je dis : en 25 210 combien de fois 3846, ou en 25 combien de fois 3? 6 fois. 6 fois 6, 36, ôtés de 40, reste 4, et retiens 4; 6 fois 4, 24, et 4 de retenue 28, ôtés de 31, reste 3, et retiens 3;

25210	3846
2134	6

6 fois 8, 48, et 3, 51, ôtés de 52, reste 1, et retiens 5; 6 fois 3, 18, et 5, 23, ôtés de 25, reste 2.

EXERCICES ORAUX.

Retour sur le 971e exercice. — Dites le quotient et le reste des divisions suivantes :

1077. 24 : 9; 32 : 6; 19 : 4; 28 : 5; 32 : 9.
1078. 44 : 7; 53 : 8; 64 : 9; 68 : 8; 76 : 9.

EXERCICES ÉCRITS ET PROBLÈMES.

Faites les divisions et les problèmes qui suivent :

1079. 4228 : 604
1080. 3486 : 701
1081. 2694 : 831
1082. 1978 : 904
1083. 4363 : 820
1084. 1655 : 331
1085. 2210 : 442
1086. 2353 : 950
1087. 2062 : 643
1088. 31129 : 8923
1089. 38391 : 9342
1090. 3780 : 756
1091. 3444 : 574
1092. 57328 : 6336
1093. 63435 : 7836
1094. 1452 : 242
1095. 9345 : 1335
1096. 102452 : 25613
1097. 299736 : 37467
1098. 1154 : 183
1099. 51045 : 5738
1100. 154639 : 19341
1101. 87353 : 18679
1102. 149840 : 29968

1103. Un terrain contenant 385 mètres carrés a été acheté 3 465 fr. A combien revient le mètre carré?

1104. Une famille a dépensé 1 825 francs dans l'année. Quelle est la dépense par jour?

1105. Dans un spectacle donné au bénéfice des pauvres, il est entré 298 personnes aux premières places et 472 aux secondes. La recette des premières a produit 1 788 francs, celle des secondes 1 416 francs. On demande : 1° quel était le prix des premières places; 2° quel était celui des secondes.

1106. Un marchand de bestiaux avait acheté 29 bœufs et 196 moutons. Il a perdu en les revendant 261 francs sur les bœufs et 784 francs sur les moutons. On demande : 1° la perte par bœuf; 2° la perte par mouton.

1107. Le volume de l'air contenu dans une classe de 142 élèves est de 426 mètres cubes. Quelle quantité d'air est affectée à la respiration de chaque élève?

1108. Les roues d'une voiture en marche ont déjà fait 2 845 tours et parcouru ainsi 8535 mètres. Exprimez en mètres le tour d'une roue.

1109. Un coup de canon a été tiré à 2720 mètres d'une place forte. Le son parcourant 340 mètres par seconde, combien de temps après avoir été tiré le coup a-t-il été entendu dans la place?

1110. Un épicier a acheté 369 kilogr. de thé et 1 948 kilogr. de café En les revendant il a gagné 1 107 francs sur le thé et 3 896 francs sur le café. Combien a-t-il gagné par kilogramme de thé et par kilogramme de café ?

1111. Sachant qu'il y a 1 440 minutes dans un jour, combien y a-t-il de jours dans 10 080 minutes ?

3° DIVISIONS GRADUÉES DANS LESQUELLES LE QUOTIENT A PLUSIEURS CHIFFRES

179. Une division dans laquelle le quotient a plusieurs chiffres n'est autre chose qu'une suite de divisions à un chiffre au quotient.

180. 1er EXEMPLE. **Soit à diviser 9 643 par 2.**

Disposition de l'opération.

```
Dividende. 9643 | 2     diviseur.
             16 |4821   quotient.
             04   ×2
             02  9642
Reste. . . . . 1   +1
                 9643  preuve.
```

Je dis : En 9 mille combien de fois 2 ? il y est 4 fois ; 4 fois 2, 8, ôtés de 9, reste 1. J'abaisse à côté de 1 le chiffre des centaines, qui est 6 ; puis je continue : en 16 centaines combien de fois 2 ? 8 fois ; 8 fois 2, 16, ôtés de 16, reste 0. J'abaisse à côté du zéro le chiffre suivant, qui est 4. En 4 combien de fois 2 ? il y est 2 fois ; 2 fois 2, 4, ôtés de 4, reste 0. J'abaisse le 3. En 3 combien de fois 2 ? 1 fois ; 1 fois 2, 2, ôtés de 3, reste 1.

PREUVE DE LA DIVISION

181. Pour faire la preuve de la division, je multiplie le quotient par le diviseur, et j'ajoute au produit le reste, s'il y en a un. Si l'opération est exacte, je dois retrouver le dividende.

EXERCICES ÉCRITS.

Faites les divisions et les problèmes qui suivent, et faites-en la preuve par la multiplication :

1112. 8148 : 2	**1118.** 95168 : 4	**1124.** 96991 : 8	**1130.** 67865 : 5
1113. 7629 : 2	**1119.** 8493 : 6	**1125.** 5483 : 4	**1131.** 836651 : 3
1114. 63432 : 3	**1120.** 7938 : 7	**1126.** 68569 : 6	**1132.** 697592 : 6
1115. 84636 : 4	**1121.** 98940 : 8	**1127.** 83975 : 5	**1133.** 968984 : 8
1116. 8565 : 5	**1122.** 9473 : 2	**1128.** 96852 : 7	**1134.** 805793 : 7
1117. 75434 : 3	**1123** 64295 : 3	**1129.** 47919 : 3	**1135.** 6729904 : 4

1136. Les 5 chevaux d'un cultivateur ont consommé dans l'année 36 565 kilogr. de foin et 14 620 litres d'avoine. Quelle est la consommation par cheval : 1° en avoine ; 2° en foin ?

1137. Une machine à battre a battu en 7 jours 9 625 gerbes de blé et 8 526 gerbes d'orge. Quelle quantité battait-elle par jour : 1° en blé; 2° en orge?

1138. Un meunier peut moudre 8 hectolitres de blé par heure. Combien mettra-t-il d'heures pour en moudre 984 hectolitres?

182. 2e EXEMPLE. **Soit à diviser 196 138 par 34.**

Je commence par prendre sur la gauche du dividende autant de chiffres qu'il en faut, et pas plus, pour contenir le diviseur, et je dis : En 196 combien de fois 34, ou en 19 combien de fois 3? 5 fois; 5 fois 4, 20, ôtés de 26, reste 6, et retiens 2; 5 fois 3, 15, et 2 de retenue, 17, ôtés de 19, reste 2. J'abaisse le 1. En 261 combien de fois 34, ou en 26 combien de fois 3? 7 fois, etc. (Comme au n° 176.)

```
196138 | 34
 261   |-----
  233  | 5768
   298
    26

    7
  1   1
    8
```

PREUVE PAR 9 DE LA DIVISION

183. J'additionne, comme à la multiplication (voyez n° 146), les chiffres du diviseur, ceux du quotient, du reste et du dividende, en retranchant 9 quand il y a lieu, ce qui se fait par la simple addition des chiffres de la somme trouvée.

Je dis : 3 et 4, 7; je pose 7 dans l'angle supérieur.

5 et 7, 12 (1 et 2, 3); 3 et 6, 9 (0); 8. Je pose 8 dans l'angle inférieur.

Je multiplie 7 par 8, et j'additionne les chiffres du produit avec ceux du reste. Je dis : 8 fois 7, 56 (5 et 6, 11; 1 et 1, 2); 2 et 2, 4, et 6, 10 (1 et 0, 1). Je pose 1 dans l'angle de gauche.

Passant au dividende, je dis : 1 et 6, 7, et 1, 8, et 3, 11 (1 et 1, 2); 2 et 8, 10 (1 et 0, 1); je pose 1 dans l'angle de droite.

Le chiffre de droite étant égal au chiffre de gauche, la division est exacte.

EXERCICES ÉCRITS ET PROBLÈMES.

Faites les divisions et les problèmes qui suivent, et faites usage de la preuve par 9 dans la vérification.

1139.	16754 : 34	**1145.**	39228 : 45	**1151.**	1976603 : 884
1140.	358937 : 42	**1146.**	5673292 : 639	**1152.**	3479253 : 1485
1141.	178427 : 53	**1147.**	446287 : 364	**1153.**	645234 : 3947
1142.	439628 : 85	**1148.**	1947328 : 267	**1154.**	9537650 : 4289
1143.	248627 : 56	**1149.**	3647925 : 485	**1155.**	591326 : 2735
1144.	26596 : 37	**1150.**	1893654 : 77	**1156.**	7348265 : 19983

1157. Une personne qui doit 4 860 francs veut s'acquitter en donnant 135 francs par mois. Dans combien de temps aura-t-elle payé sa dette?

1158. Un pigeon voyageur parcourt 56 kilom. à l'heure. Quel temps mettrait-il pour aller de Paris à Marseille dont la distance, en ligne droite, est de 728 kilom.?

1159. Un propriétaire de vignobles a récolté dans une bonne année 69 pièces de vin de première qualité, qu'il a vendues 9 246 francs, et 129 pièces de deuxième qualité, vendues 12 513 francs. Quel est le prix de la pièce : 1° de la première qualité; 2° de la deuxième qualité?

1160. On veut planter d'arbres, situés à une distance de 18 mètres les uns des autres, une avenue longue de 2 610 mètres. Combien y aura-t-il d'arbres de chaque côté?

184. 3e EXEMPLE. **Quand il y a des zéros au quotient.** — Soit à diviser 450675 par 75.

450675	75
00675	6009
05	

Je prends trois chiffres, et je dis : En 450 combien de fois 75, ou en 45 combien de fois 7? 6 fois : 6 fois 5, 30, ôtés de 30, reste 0, et je retiens 3; 6 fois 7, 42, et 3, 45, ôtés de 45, reste 0. J'abaisse le 6. En 6 combien de fois 75? il n'y est pas; j'écris 0 au quotient et j'abaisse un nouveau chiffre, le 7. En 67 combien de fois 75? il n'y est pas; j'écris 0 au quotient et j'abaisse le 5. En 675 combien de fois 75, ou en 67 combien de fois 7? il y est 9 fois; etc.

EXERCICES ORAUX.

1161. Questions. — Dans une division où le quotient doit avoir plusieurs chiffres, combien prenez-vous de chiffres sur la gauche du dividende pour commencer l'opération?

1162. Écrivez au tableau la division de 26 957 par 85. — Combien prenez-vous de chiffres? — Combien y aura-t-il de chiffres au quotient? — Faites l'opération.

1163. Quel chiffre mettez-vous au quotient lorsque le dividende partiel ne contient pas le diviseur? — Écrivez la division de 14 382 par 47, et opérez.

EXERCICES ÉCRITS ET PROBLÈMES.

Faites les divisions et les problèmes qui suivent, et vérifiez au moyen de la preuve par 9.

1164.	126945 : 315	**1168.**	2708901 : 5343	**1172.**	172970 : 245
1165.	34276 : 164	**1169.**	34979670 : 8734	**1173.**	27082500 : 3925
1166.	726138 : 69	**1170.**	1680392 : 56	**1174.**	64600 : 19
1167.	2270520 : 742	**1171.**	1915276 : 38	**1175.**	1419600 : 28

1176. Pour paver une rue, on a amené 15 552 pavés dans des tombereaux qui en contenaient chacun 144. On demande : 1° combien on a amené de tombereaux; 2° quel est le prix du transport, à raison de 5 francs par tombereau.

1177. Pour nourrir les 1 500 employés des magasins du Bon-Marché, à Paris, il faut 381 425 kilogr. de pain par an. On demande : 1° combien il est consommé de pain par jour dans l'établissement; 2° le prix du pain mangé dans une journée, à raison de 0 fr. 35 le kilogr. ; 3° le prix du pain consommé dans toute l'année.

1178. Une propriété de 35 hectares a coûté 106 400 francs; une autre propriété de 58 hectares a coûté 120 640 francs. Quelle est la plus chère?

DIXIÈME MOIS

Sommaire. Division des nombres décimaux. — Exercices oraux et écrits; problèmes. — Comment on divise un nombre entier et un nombre décimal par 10, par 100, par 1 000, etc. — Exercices et problèmes. — Division rapide par 50, 500, 5 000; par 25 et 125; par 0,50 et 0,25. — Exercices et problèmes.

DIVISION DES NOMBRES DÉCIMAUX

185. La recherche pratique des chiffres du quotient dans une division de nombres décimaux est la même que dans les nombres entiers; mais la présence des virgules donne lieu aux cas suivants.

186. 1er EXEMPLE. **Quand le dividende seul a des chiffres décimaux.** — Soit à diviser 638,25 par 5.

Je divise la partie entière 638 unités par 8, ce qui donne 127 unités pour quotient; puis je continue la division en abaissant le chiffre 2 des dixièmes, mais auparavant je place une virgule après le chiffre 7 des unités du quotient.

638,25	5
13	127,65
38	
32	
25	
0	

EXERCICES ÉCRITS ET PROBLÈMES.

Faites les divisions et les problèmes qui suivent :

1179. 1294,25 : 37	**1183.** 5493,70 : 367	**1187.** 329624,38 : 763
1180. 873,50 : 28	**1184.** 39764,35 : 499	**1188.** 47830,10 : 389
1181. 6347,13 : 482	**1185.** 6549,82 : 59	**1189.** 178489,87 : 1345
1182. 17432,65 : 145	**1186.** 48769,15 : 693	**1190.** 37672,45 : 960

1191. On a payé 451 fr. 80 pour 3 fûts d'eau-de-vie, de chacun 60 litres. Quel est le prix du litre?

1192. Un quincaillier a fourni 18 casseroles en fer-blanc, au prix de 31 francs le tout. En recevant le montant de la facture, il a diminué 1 fr. 30. A quel prix chaque casserole est-elle vendue?

1193. On a acheté chez un faïencier 15 plats pour une somme de 30 fr. En payant, on a obtenu une diminution de 0 fr. 75. Combien a-t-on payé chaque plat?

187. 2e EXEMPLE. **Quand le dividende et le diviseur ont le même nombre de chiffres décimaux.** — Soit à diviser 158,85 par 6,25.

Je commence par biffer les deux virgules, puis j'opère comme si j'avais le nombre entier 15885 à diviser par le nombre entier 625. Je trouve 25 unités au quotient. Pour plus d'exactitude, je continue l'opération jusqu'aux centièmes. Pour cela, j'abaisse un zéro à côté du reste, 260 unités, et je dis : en 2600 dixièmes, combien de fois 625? 4 fois, etc. A côté de 100, j'abaisse un second zéro pour avoir des centièmes, etc.

```
15885 | 625
 3385 |------
  2600| 25,41
  1000
   375
```

188. Remarque. — Dans la division de deux nombres entiers, on a souvent besoin de pousser le quotient jusqu'aux dixièmes, aux centièmes, aux millièmes, etc.

EXERCICES ORAUX.

1194. Questions. — Comment faites-vous la division, lorsque le dividende seul a des chiffres décimaux? — Écrivez une division de ce genre au tableau et opérez.

1195. Comment faites-vous la division lorsque les deux nombres ont la même quantité de chiffres décimaux? — Écrivez un exemple et opérez. (Plusieurs élèves vont tour à tour au tableau.)

1196. Comment poussez-vous le quotient jusqu'aux dixièmes? — aux centièmes? — aux millièmes? — Écrivez un exemple et opérez.

EXERCICES ÉCRITS ET PROBLÈMES.

Faites les divisions et les problèmes suivants, et continuez le quotient jusqu'aux centièmes.

1197.	739,80 : 3,45	**1201.**	1947,9 : 34,7	**1205.**	298,47 : 5,48
1198.	67,75 : 9,15	**1202.**	84,328 : 0,996	**1206.**	0,936 : 0,492
1199.	4873,55 : 69.80	**1203.**	58.72 : 0,47	**1207.**	0,369 : 0,076
1200.	739,4 : 18,6	**1204.**	5,915 : 0,674	**1208.**	8734,28 : 47,59

189. Remarque. — Lorsque le *diviseur* est **plus petit** que l'*unité*, le *quotient* est **plus grand** que le *dividende*.

1209. On a eu 0 stère 75 de bois pour 21 fr. 30. Quel est le prix du stère?

1210. Une motte de beurre du poids de 2 kilogr. 45 a été payée 11 fr. 60. Quel est le prix du kilogramme?

1211. Un ouvrier qui gagne 0 fr. 55 de l'heure a reçu 34 fr. 65 pour son travail de la semaine. Combien a-t-il travaillé d'heures?

190. 3e EXEMPLE. **Quand l'un des deux nombres a plus de chiffres décimaux que l'autre.** — Soit à diviser 7,453 par 19,8.

Je commence par égaliser le nombre des chiffres décimaux au moyen de zéros, puis je biffe les virgules, ce qui donne le nombre entier 7453, à diviser par le nombre entier 19800.

74530	19800
151300	0,37
12700	

Je dis : En 7453 combien de fois 19800? il n'y est pas; j'écris 0 au quotient et une virgule à droite; puis j'écris un zéro à droite du dividende 7453, afin d'avoir des dixièmes au quotient. Je continue : En 74530 combien de fois 19800, ou en 7 combien de fois 1? 3 fois, etc.

191. Remarque. — Lorsque le *dividende* est **plus petit** que le *diviseur*, le *quotient* est **plus petit** que l'*unité*.

192. 4e EXEMPLE. **Quand le diviseur seul a des chiffres décimaux.** — Soit à diviser 376 par 8,54.

Je commence par biffer la virgule du diviseur, puis j'écris à droite du dividende autant de zéros qu'il y avait de chiffres décimaux au diviseur, ce qui donne le nombre entier 37600 à diviser par le nombre entier 854. Je puis, si cela est utile, continuer le quotient 44 jusqu'aux centièmes.

37600	854
3440	44,02
02400	
692	

EXERCICES ORAUX.

1212. Questions. — Comment faites-vous lorsque l'un des nombres a plus de chiffres décimaux que l'autre? — Écrivez un exemple au tableau et opérez. — Comment faites-vous lorsque le diviseur seul a des chiffres décimaux? — Écrivez un exemple et opérez.

1213. Que remarquez-vous lorsque le diviseur est plus petit que l'unité? — lorsque le dividende est plus petit que le diviseur? — Écrivez des divisions de ce genre et opérez.

EXERCICES ÉCRITS ET PROBLÈMES.

Faites les divisions et les problèmes qui suivent :

1214.	734.85 : 29,4	**1222.**	59 : 3,45	**1230.**	748 : 19,85
1215.	56,3 : 8,62	**1223.**	476 : 0,736	**1231.**	33 : 15,632
1216.	149,8 : 7,535	**1224.**	8,75 : 14,3	**1232.**	509,8 : 64,35
1217.	71,723 : 8,2	**1225.**	3,90 : 7,5	**1233.**	274,325 : 8,7
1218.	126,4 : 32,8	**1226.**	520,82 : 161	**1234.**	54,39 : 0,27
1219.	754,65 : 89	**1227.**	439,15 : 0,76	**1235.**	148,75 : 37
1220.	269 : 4,25	**1228.**	380 : 0,99	**1236.**	0,7643 : 6,28
1221.	534,9 : 8,715	**1229.**	776 : 0,483	**1237.**	0,91 : 0,9361

1238. Lorsque le pain vaut 0 fr. 32 le kilogr., combien peut-on avoir de pains de 3 kilogr. pour 14 fr. 40?

1239. Un enfant qui a acheté du sucre paye avec une pièce de 5 francs, et on lui rend 1 fr. 90. Combien en a-t-il acheté de kilogrammes, le kilogramme valant 1 fr. 55?

1240. On a payé 1 fr. 35 pour du café valant 5 fr. 40 le kilogramme. Quelle quantité a-t-on eue?

1241. On a payé 15 francs pour un petit fût de bière, qui en contenait 37 lit. 5. A combien revient le litre?

1242. Une ménagère prend chez le boucher un morceau de mouton pesant 0 kil. 875, qui lui est compté 2 fr. 10. Quel est le prix du kilogramme de mouton?

1243. Pour faire des blouses d'enfant, une mère a acheté un coupon d'indienne de $17^{m},50$ pour 14 francs. Quel est le prix du mètre d'indienne?

1244. Un ouvrier terrassier a creusé un fossé de $12^{m},80$ de longueur, pour lequel il a reçu 32 francs. Combien gagnait-il par jour, sachant qu'il en creusait 2 mètres dans sa journée?

1245. Une boîte de 84 plumes a coûté 1 fr. 75. Quel est le prix de la douzaine de plumes?

DIVISER UN NOMBRE PAR 10, 100, 1 000, ETC.

193. *Nombres entiers.* — 1° Lorsqu'un nombre entier est terminé par des zéros, pour le diviser par 10, 100, 1000, etc., je supprime 1, 2, 3 zéros *à droite*.

Ainsi, 6000	divisé par	10	donne pour quotient	600.
6000	—	100	—	60.
6000	—	1000	—	6.

Il est facile, en effet, de se rendre compte que 6 mille, devenus 6 centaines, représentent des unités 10 fois plus petites ;

6 mille, devenus 6 dizaines, représentent des unités 100 fois plus petites, etc.

2° Si le nombre entier n'est pas terminé par des zéros, je sépare par une virgule 1, 2, 3 chiffres sur la droite.

Ainsi, 748 divisé par 10 donne pour quotient 74,8.
748 — 100 — 7,48.
748 — 1000 — 0,748.

194. *Nombres décimaux.* — Pour diviser un nombre décimal par 10, 100, 1000, etc., je porte la virgule de 1, 2, 3 rangs *à gauche.*

Ainsi, 74,5 divisé par 10 donne pour quotient 7,45.
74,5 — 100 — 0,745.
74,5 — 1000 — 0,0745.

195. Remarque. — Avant de diviser l'un par l'autre deux nombres terminés par des zéros, je biffe la *même quantité* de zéros sur *la droite* de chacun d'eux.

Exemple : 75000 divisé par 1500.

Je supprime deux zéros à droite de chacun des nombres, et j'opère comme si j'avais 750 à diviser par 15.

750	15
000	50

EXERCICES ORAUX.

1246. Questions. — Comment divisez-vous par 10 un nombre entier terminé par un zéro? — Comment divisez-vous par 100 un nombre entier terminé par deux zéros ou plus? — Comment divisez-vous par 1000 un nombre entier quelconque?

1247. Comment divisez-vous un nombre décimal par 1000? — par 10? — par 100?

EXERCICES ÉCRITS ET PROBLÈMES.

Faites les divisions et les problèmes qui suivent :

1248. 13000 . 100	**1254.** 736,25 : 10	**1260.** 847,2 : 10000
1249. 4500 : 10	**1255.** 1976,4 : 100	**1261.** 729,4 : 100
1250. 576 : 1000	**1256.** 0,95 : 10	**1262.** 0,07 : 10
1251. 45300 : 100	**1257.** 3549,7 : 1000	**1263.** 0,98 : 100
1252. 69725 : 1000	**1258.** 51,83 : 10	**1264.** 3276,8 : 1000
1253. 5915 : 10	**1259.** 6,54 : 100	**1265.** 24,76 : 10000

1266. Le cent de noix valant 0 fr. 50, que payera-t-on pour une demi-douzaine de noix ?

1267. Lorsque le foin vaut 55 francs les 1000 kilogr., combien paye-t-on la botte de 10 kilogr. ?

1268. Un cultivateur a vendu sa paille à raison de 25 francs les 1 000 kilogr. Sachant qu'il a reçu pour cette vente 187 fr. 50, dites combien il a vendu de kilogrammes de paille.

1269. Un fruitier achète ses poires 10 francs le cent. Combien payera-t-il pour 10 mesures contenant chacune 180 poires?

1270. Un marchand de vin a acheté 10 fûts de vin de chacun 100 litres, pour 350 francs. A combien lui revient le litre de vin?

1271. Un particulier achète un objet qui est marqué 6 francs; mais comme il y voit un défaut, il obtient du marchand une diminution du dixième du prix marqué. Combien l'objet est-il payé?

1272. Un négociant paye une facture de 1 900 francs avec des billets de 100 francs. Combien donne-t-il de ces billets?

1273. Un garçon de recette de la Banque de France a encaissé dans une journée 740 000 francs en billets de 1 000 francs, 29 000 francs en billets de 100 francs et 6 430 francs en pièces de 10 francs. Combien a-t-il reçu : 1º de billets de 1 000 francs; 2º de billets de 100 francs; 3º de pièces de 10 francs?

DIVISION RAPIDE PAR 50, 500, 5000, ETC.

196. Pour diviser un nombre par 50, je le double et divise le résultat par 100.

Pour diviser un nombre par 500, je le double et divise le résultat par 1000.

Pour diviser un nombre par 5000, je le double et divise le résultat par 10 000.

Ainsi,	125 : 50	donne le même quotient que	250 : 100.
	2432 : 500	—	4864 : 1000.
	32342 : 5000	—	64684 : 10000.

DIVISION RAPIDE PAR 20, 200, 2000; 30, 300, 3000, ETC.

197. Pour diviser un nombre par 20, je le divise par 2, puis le quotient obtenu par 10.

Pour diviser un nombre par 200, je le divise par 2, puis le quotient obtenu par 100.

Pour diviser un nombre par 3000, je le divise par 3, puis le quotient obtenu par 1000.

Ainsi,	64 : 20	donne le même quotient que	32 : 10.
	642 : 200	—	321 : 100.
	9636 : 3000	—	3212 : 1000.

DIVISION RAPIDE PAR 25 ET 125.

198. Pour diviser un nombre par 25, je le multiplie par 4 et divise le résultat par 100.

Pour diviser un nombre par 125, je le multiplie par 8 et divise le résultat par 1000.

Ainsi, 50 : 25 donne le même quotient que (50 × 4) : 100.
250 : 125 — (250 × 8) : 1000.

DIVISION RAPIDE PAR 0,50 ET 0,25.

199. Pour diviser un nombre par 0,50 ou 0,5, je le multiplie par 2.

Pour diviser un nombre par 0,25, je le multiplie par 4.

Ainsi, 32 : 0,5 donne le même résultat que 32 × 2.
60 : 0,25 — 60 × 4.

EXERCICES ORAUX.

1274. Questions. — Comment divisez-vous un nombre par 50? — par 500? — par 5000? — Quel est le quotient de 200 : 50? — 125 : 50? — 12 : 50? — 310 : 500?

1275. Comment divisez-vous un nombre par 20? — par 30? — par 300? — par 2000? — Quel est le quotient de 44 par 20? — de 888 par 200?

1276. Comment divisez-vous un nombre par 25? — par 125?

1277. Comment divisez-vous un nombre par 0,5? — par 0,25?

EXERCICES ÉCRITS ET PROBLÈMES.

Faites les divisions et les problèmes qui suivent :

1278.	726 : 50	**1284.**	4836 : 20	**1290.**	7378 : 25
1279.	1378 : 500	**1285.**	17649 : 300	**1291.**	977 : 125
1280.	24926 : 5000	**1286.**	8624 : 400	**1292.**	428 : 0,5
1281.	7639 : 500	**1287.**	76882 : 2000	**1293.**	739 : 0,25
1282.	6744 : 20	**1288.**	5315 : 25	**1294.**	1294 : 0,5
1283.	12438 : 200	**1289.**	18716 : 125	**1295.**	6718 : 0,25

1296. Une personne charitable veut partager 385 francs entre 50 pauvres. Combien chacun aura-t-il?

1297. Quel est le prix du kilogramme de bois à brûler, à raison de 19 francs les 500 kilogr.?

1298. Dans un pensionnat de 200 élèves, le blanchissage du linge coûte 120 francs par semaine. Faites le calcul par élève.

1299. Un éditeur de gravures en a vendu de deux sortes : 25 de la première pour 95 francs, et 125 de la seconde pour 112 fr. 50 Quel est le prix d'une gravure de chaque sorte?

1300. Un ouvrier qui gagne 0 fr. 50 de l'heure a gagné dans toute l'année 1677 fr. 50. On demande : 1° combien il a travaillé d'heures ; 2° combien il a travaillé de jours à 11 heures par jour.

1301. On a eu $0^{m},25$ de velours pour 3 fr. 40. Quel est le prix du mètre?

1302. Une marchande a vendu pour 37 fr. 50 d'oranges à 0 fr. 25 pièce. Combien avait-elle d'oranges?

1303. Combien faut-il de pièces de 50 francs pour faire 51450 francs?

1304. Combien faut-il de billets de 500 francs pour faire 211500 fr.?

1305. Combien faut-il de pièces de 0 fr. 50 pour faire 98 fr. 50?

1306. Un terrain de 3000 mètres carrés a été vendu 6450 francs. Quel est le prix du mètre carré?

ONZIÈME MOIS

Sommaire. — Exercices oraux de révision. — Problèmes sur la division combinée avec les autres opérations.

EXERCICES ORAUX DE RÉVISION.

1307. Qu'est-ce que la multiplication? — Que veut dire multiplier? — Comment se nomme le nombre qui est multiplié? — le nombre qui multiplie? — le résultat de la multiplication?

1308. Comment multiplie-t-on deux nombres de dizaines? — deux nombres de centaines? — deux nombres de mille? — Combien font 50 fois 40? — 60 fois 80? — 70 fois 90? — 200 fois 900? etc.

1309. Prouvez au tableau que l'on peut changer l'ordre des facteurs. — Comment multiplie-t-on un nombre de deux chiffres par un nombre d'un seul? — Combien font 4 fois 23? — 5 fois 56? — 8 fois 34?

1310. Comment fait-on la preuve de la multiplication? — Écrivez une multiplication au tableau ; opérez et faites la preuve par 9.

1311. Comment fait-on la multiplication des nombres décimaux? — Comment multiplie-t-on un nombre entier par 10? — par 100? — par 1000? — Comment multiplie-t-on un nombre décimal par 10? — par 100? — par 1000?

1312. Comment multiplie-t-on deux nombres terminés par des zéros? — Quel est le produit d'un nombre par 1? — par 0?

1313. Qu'est-ce que la division? — Dans quels cas fait-on une division? — Qu'est-ce que prendre le tiers, le quart, le cinquième... d'un nombre? — En 150 combien de fois 3? — combien de fois 5? — En 280 combien de fois 4? — combien de fois 7?

1314. Écrivez une division au tableau ; opérez et faites la preuve par la multiplication, puis la preuve par 9.

1315. Effectuez au tableau les divisions de nombres décimaux qui suivent :

82,45 : 9 ; — 149,15 : 3,24 ; — 14,728 : 0,16 ; — 9,45 : 3,632 ; — 547 : 2,35.

1316. Comment poussez-vous un quotient entier jusqu'aux dixièmes, aux centièmes?

1317. Comment divisez-vous un nombre par 10, 100, 1000?

1318. Comment divisez-vous un nombre par 50, 500, 5000? — par 25,125? — par 0,50, 0,25?

PROBLÈMES SUR LA DIVISION
COMBINÉE AVEC LES AUTRES OPÉRATIONS.

1319. Un particulier a acheté un terrain de 742 mètres, qu'il a soldé en deux payements : le premier de 2700 francs, et le second de 1603 fr. 60. A combien lui revient le mètre carré de ce terrain?

1320. Une marchande achète ses fromages 3 fr. 60 la douzaine et les revend 5 fr. 40. Combien gagne-t-elle sur chaque fromage?

1321. Un papetier achète ses boîtes de plumes 180 francs la grosse (12 douzaines de boîtes), et il les revend 1 fr. 75 la boîte. Combien gagne-t-il par boîte?

1322. On achète 3 fr. 60 un panier d'œufs qui en contient 6 douzaines. Quel est le prix d'un œuf?

1323. On achète moyennant 66 francs un fût de vin de 136 litres, et on paye, en outre, 36 francs de port et d'entrée. A combien revient le litre?

1324. Un journalier qui a fait 76 journées de travail a été payé en trois fois : 1° 90 francs; 2° 107 fr. 25 : 3° 49 fr. 75. Combien gagnait-il par jour?

1325. Dans un ménage, on a dépensé, dans une année, 991 fr. 25 pour la nourriture, 240 francs pour l'entretien et 320 francs pour le loyer. Quelle est la dépense par jour?

1326. On a payé 82 fr. 70 pour 6 pains de sucre pesant chacun 8 kilogr. 35. Quel est le prix du kilogramme de sucre?

1327. On a revendu 77 fr. 90, une pièce de ruban de 16^{m},50, qui avait coûté 56 fr. 10. Combien a-t-on gagné par mètre?

1328. Un champ de 5 hect.45 a été acheté 7725 francs. L'acquéreur y a dépensé, en outre : 1° pour 375 francs de marne ; 2° 480 fr. 55 pour travaux de drainage; 3° 71 fr. 45 pour l'enlèvement des pierres. A combien lui revient l'hectare actuellement?

1329. Louis a gagné 525 bons points, Ernest 670, et Jules 740. Quant à Charles, il en a 5 fois moins que ses trois camarades ensemble. Combien en a-t-il?

1330. Pour fabriquer une grille qui a coûté tout compris 6465 fr. 25, on a employé 6725 kilogr. de fer. La pose seule de la grille ayant été comptée 749 francs, on demande le prix du kilogramme de fer.

1331. Un rentier a un revenu annuel de 2226 fr. 50, et il dépense seulement 4 fr. 75 par jour. Quelle économie peut-il faire par jour?

1332. Un employé gagne 3000 francs par an et dépense seulement 1905 francs. Quelle économie peut-il faire dans une semaine?

1333. Un petit marchand a acheté 144 mouchoirs pour 165 fr. 60 et il a revendu chacun d'eux 1 fr. 60. Combien a-t-il gagné par douzaine?

1334. On a fourni à une personne, en trois fois, 25 litres, 32 litres et 40 litres de vin, et la note totale s'élève à 63 fr. 05. Quel est le prix du litre?

1335. Un train express a parcouru 194400 mètres en 3 heures. Quel chemin fait-il par minute?

1336. Avec la plume de 16 oies, ayant donné chacune 0 kilogr. 218 de plume, on a fait un oreiller estimé 22 fr. 70. Que vaut le kilogramme de plume d'oie?

1337. On a plumé 72 canards, dont chacun a fourni 0 kilogr. 035 de duvet fin. On a fait avec ce duvet un édredon estimé 32 fr. 80. Quel est le prix du kilogramme de duvet?

1338. Un vigneron et sa famille ont mangé dans l'année 1460 kilogr. de pain à 0 fr. 30 le kilogramme. Pour payer le boulanger, le vigneron lui donne du vin à 73 francs la pièce. Combien lui donne-t-il de pièces de vin?

1339. Un cultivateur doit à son cordonnier 2 paires de souliers à 15 fr. 50 l'une, et 3 paires à 8 francs. Il lui donne en payement du blé à 2 fr. 75 le double décalitre. Combien doit-il donner de doubles décalitres?

1340. Un héritage de 64600 francs doit être partagé entre 10 héritiers de la manière suivante : les 3 premiers auront chacun 15600 fr., et les autres le reste, à parts égales. Combien chacun de ces derniers aura-t-il?

1341. Combien faut-il de pièces de 5 centimes pour faire 20 francs?

1342. Un ouvrier a reçu 108 francs pour 15 jours de travail, à 12 heures par jour. Combien gagnait-il par heure?

1343. Un père gagne 1700 francs par an, son fils 850 francs et sa fille 500 francs. Ils mettent chaque année à la caisse d'épargne 860 fr. Combien leur reste-t-il à dépenser par jour?

1344. On achète une pièce de vin de 225 litres et on la met en bouteilles. Chaque bouteille contenant 0 lit. 75, combien y en aura-t-il?

1345. Un épicier reçoit 6 caisses contenant chacune 4 douzaines de paquets de biscuits, et il paye le tout 72 francs. A combien lui revient chaque paquet?

1346. Un marchand de vin achète 450 litres de vin pour 229 fr. 50. Il ajoute à ce vin 60 litres d'eau. A combien lui revient le litre du mélange?

1347. Une personne achète $8^{m},50$ de toile à 3 fr. 25 le mètre; le lendemain elle reporte sa marchandise et prend en échange du calicot à 1 fr. 70 le mètre. Combien a-t-elle de mètres de calicot?

1348. Un particulier achète une maison 4 875 francs; il donne comptant 2 195 francs et convient de payer le reste en 16 payements égaux effectués chaque mois. Combien donnera-t-il par mois?

1349. Un libraire achète 52 volumes pour 104 francs, à la condition qu'on lui diminue le quart du montant de sa facture. A combien lui revient chaque volume?

1350. En vendant 276 moutons pour 4 575 francs, un marchand gagne 849 francs. Combien chaque mouton lui avait-il coûté?

1351. Une marchande d'oranges a vendu dans sa journée 195 oranges; sa recette s'élève à 29 fr. 25 et son bénéfice est de 5 fr. 30. Combien chaque orange lui avait-elle coûté?

1352. En vendant 16 douzaines de mouchoirs défraîchis pour 176 fr., un marchand a perdu 43 francs. Combien chaque douzaine lui avait-elle coûté?

1353. Un employé gagne 2 000 francs par an et dépense seulement 1 376 francs. Combien économise-t-il par trimestre?

1354. Pendant un mois de 31 jours, une famille a consommé 36 litres de vin à 0 fr. 65 le litre, 59 kilogr. de pain à 0 fr. 35 le kilogr. et pour 42 fr. 50 de légumes. Quelle est la dépense par jour?

1355. Pour faire des bas une tricoteuse emploie des pelotes de laine pesant chacune 55 grammes, et il en faut 3 pour faire une paire de bas. Combien pourra-t-elle tricoter de paires de bas avec 825 grammes de laine?

1356. On a payé 560 francs pour la vitrerie d'une maison contenant 28 croisées de chacune 8 carreaux. Quel est le prix d'un carreau?

1357. Par quel nombre faut-il multiplier 54 pour avoir un produit égal à la différence qu'il y a entre 9 760 et 634?

1358. Par quel nombre faut-il multiplier 39,5 pour avoir un produit égal à la somme des trois nombres 0,38, 1,04 et 0,95?

DEUXIÈME PARTIE

SYSTÈME MÉTRIQUE

QUATRIÈME MOIS (1)

Sommaire. — Ce que c'est que mesurer. — Système métrique. — Grandeurs à mesurer. — Unité. — Multiples et sous-multiples. — Mesures de longueur. — Le mètre; ses sous-multiples; ses multiples. — Exercices oraux et écrits. — Changement d'unité; kilomètre. — Bornes kilométriques et hectométriques. — Exercices oraux et écrits; problèmes.

200. Voici un **mètre**; je le porte sur la longueur de la table et je vois qu'il y est contenu 3 fois; j'en conclus que la table a trois mètres de longueur : cela s'appelle **mesurer.**

Je peux mesurer de même la contenance d'un seau avec un litre, le poids d'un pain de sucre avec des kilogrammes et des grammes, etc.

201. Système métrique. — L'ensemble des poids et des mesures en usage en France se nomme **système métrique.**

202. Grandeurs à mesurer. — Toutes les grandeurs à mesurer peuvent être classées en 6 espèces :

1° Les **longueurs**, comme la longueur d'une pièce de ruban, d'une route;

2° Les **surfaces**, comme la surface d'un plancher, d'un champ;

3° Les **volumes**, comme le volume d'un tas de pierres, d'un bloc de marbre;

4° Les **contenances** ou **capacités**, comme la contenance d'un seau, d'un tonneau;

5° Les **poids**, comme le poids du pain, de la viande;

---

(1) Le système métrique n'est étudié qu'à partir du quatrième mois, au moment où l'on commence l'addition.

6° Les **valeurs**, c'est-à-dire l'estimation du prix de tout ce qui se vend et s'achète.

203. Unité. — La principale mesure d'une grandeur est appelée **unité**.

204. Multiples décimaux. — Les dizaines, les centaines, les mille... sont les **multiples décimaux** de l'unité principale; on les désigne par les mots :

Déca, qui signifie *dix*;
Hecto, — *cent*;
Kilo, — *mille*;
Myria, — *dix mille*.

205. Sous-multiples. — Les dixièmes, les centièmes, les millièmes sont les **sous-multiples décimaux**; on les désigne par les mots :

Déci, qui signifie *dixième*;
Centi, — *centième*;
Milli, — *millième*.

EXERCICES ORAUX

1359. Exercice d'ensemble. — Lisez ensemble les nos 200 à 205 qui précèdent.

1360. Questions. — Qu'est-ce que le système métrique? — Quelles sont les 6 espèces de grandeurs à mesurer? — Citez des longueurs; — des surfaces; — des volumes; — des capacités; — des poids; — des valeurs.

1361. Comment appelle-t-on la principale mesure d'une grandeur? — Quels sont les multiples de l'unité? — Par quels mots désigne-t-on les multiples? — Quels sont les sous-multiples? — Par quels mots désigne-t-on les sous-multiples?

MESURES DE LONGUEUR

206. L'unité principale des mesures de longueur est le **mètre**.

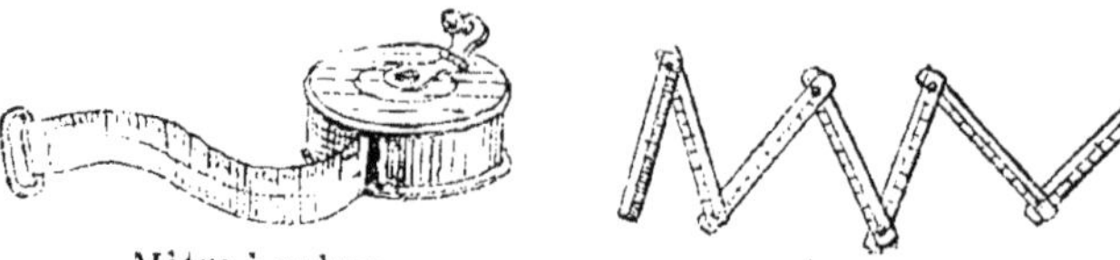

Mètre à ruban. Mètre pliant.

On donne au mètre différentes formes, entre autres celles d'une règle plate, d'un ruban ou de petites lames reliées entre elles au moyen de goupilles.

SOUS-MULTIPLES DU MÈTRE

207. Le mètre porte 10 divisions égales, appelées **décimètres**; chaque décimètre est divisé en 10 **centimètres**; chaque centimètre en 10 **millimètres**; de sorte que le mètre vaut **10** décimètres, ou **100** centimètres, ou **1 000** millimètres.

1 décimètre, dixième partie du mètre, s'écrit $0^m,1$;
1 centimètre, centième partie du mètre, — $0^m,01$;
1 millimètre, millième partie du mètre, — $0^m,001$.
3 centimètres s'écrivent. . . . . $0^m,03$;
14 millimètres s'écrivent. . . . . $0^m,014$;
5 décimètres s'écrivent . . . . $0^m,5$;
4 mètres 8 centimètres s'écrivent . . . . . . $4^m,08$.

Décimètre. (Grandeur réelle.)

EXERCICES ORAUX

1362. Questions. — Quelle est l'unité des mesures de longueur? — Quelles sont les différentes formes du mètre? — Comment est divisé un mètre? — Combien le mètre vaut-il de centimètres? — de décimètres? etc.

1363. Mesurez la longueur d'une des tables de la classe, du mur, du tableau noir, etc.

1364. Écrivez en chiffres au tableau les nombres suivants : trois centimètres; six décimètres; vingt-quatre millimètres, etc.

1365. Exercices d'ensemble. — Lisez chaque chiffre des nombres suivants, en lui donnant le nom de l'unité qu'il représente :

$0^m,43$	$0^m,613$	$3^m,18$	$5^m,4$
$0^m,06$	$4^m,09$	$6^m,524$	$0^m,07$

EXERCICES ÉCRITS

1366. Écrivez en chiffres les nombres suivants : Vingt-cinq *miumètres;* — trois *mètres* quinze *centimètres;* — deux *mètres* huit *décimètres;* — treize *millimètres;* — neuf *millimètres*.

Écrivez en toutes lettres les nombres suivants :

1367. $5^m,04$ $0^m,006$	**1368.** $6^m,426$ $0^m,6$	**1369.** $2^m,75$ $3^m,824$	**1370.** $0^m,215$ $0^m,08$

Écrivez chacun des chiffres des nombres suivants, en le faisant suivre du nom de l'unité qu'il représente (3 *mètres* 2 *décimètres* 4 *centimètres*, etc.) :

1371. $3^m,248$ $7^m,39$	**1372.** $1^m,6$ $2^m,94$	**1373.** $9^m,36$ $5^m,4$	**1374.** $3^m,729$ $1^m,6$

MULTIPLES DU MÈTRE

208. Une longueur de **10** mètres se nomme **décamètre** ;
Une longueur de **100** mètres se nomme **hectomètre** ;
Une longueur de **1 000** mètres se nomme **kilomètre** ;
Une longueur de **10 000** mètres se nomme **myriamètre**.

Il suit de là que le myriamètre vaut **10** kilomètres, ou **100** hectomètres, ou **1 000** décamètres, etc., absolument comme la dizaine de mille vaut 10 mille, ou 100 centaines, ou 1 000 dizaines, etc., et que, dans un nombre de mètres, les *décamètres* sont au rang des *dizaines*, les *hectomètres* au rang des *centaines*, etc.

EXERCICES ORAUX

1375. Questions. — Quels sont les multiples du mètre ? — Combien l'hectomètre vaut-il de mètres ? — de décamètres ? etc.

1376. Combien faut-il de décamètres pour faire un hectomètre ? — d'hectomètres pour faire un myriamètre ? etc.

1377. Exercices d'ensemble. — Lisez chaque chiffre des nombres suivants, en lui donnant le nom de l'unité ou du multiple qu'il représente :

6 429 mèt. 334 mèt.	429 mèt. 65 003 mèt.	23 712 mèt. 6 087 mèt.

EXERCICES ÉCRITS

Écrivez en chiffres, en un seul nombre de mètres, les nombres suivants :

1378. Cinq *hectomètres* quatre *décamètres* neuf *mètres* ; — huit *kilomètres* neuf *hectomètres* sept *décamètres* un *mètre* ; — neuf *décamètres* quatre *mètres* ; — huit *myriamètres* deux *hectomètres* cinq *mètres*.

Écrivez chacun des chiffres des nombres suivants, en le faisant suivre du nom de l'unité qu'il représente : Ex. : 5 *myriamèt.*, 4 *kilomèt.*, etc.

1379. 54 829 mèt. 7 304 mèt.	**1380.** 328 mèt. 19 007 mèt.	**1381.** 6 342 mèt. 527 mèt.

CHANGEMENT D'UNITÉ

209. On peut prendre pour unité, au lieu de l'unité principale, tel multiple ou sous-multiple que l'on veut.

210. Millimètre. — Pour exprimer la largeur des pièces de monnaie, l'épaisseur d'une glace, etc., on prend pour **unité** le **millimètre**. Ainsi, on dit : la pièce de 20 francs a 21 millimètres de largeur; l'épaisseur d'une glace est de 4 millimètres.

211. Kilomètre. — On prend le **kilomètre** pour **unité** lorsqu'il s'agit de la distance de deux villes. Ainsi, on dit : Bordeaux est à 582 kilomètres de Paris, et non 582 000 mètres.

212. Bornes kilométriques et hectométriques. — Sur les routes, la distance est marquée par des bornes, *placées à 1 kilomètre* les unes des autres et appelées **bornes kilométriques**. Entre celles-ci sont d'autres bornes plus petites, distantes de 1 hectomètre et appelées **bornes hectométriques**.

213. Lieue. — Une longueur de 4 kilomètres forme une **lieue** kilométrique.

2 lieues valent 8 kilomètres;
3 — 12 kilomètres, etc.
Une demi-lieue vaut 2 kilomètres;
Un quart de lieue — 1 kilomètre.

214. Changement d'unité dans un nombre écrit. — Pour changer l'unité dans un nombre écrit, je porte la virgule à droite du chiffre représentant l'unité que je veux avoir. Pour faire convenablement cette conversion, il est nécessaire de connaître par cœur le tableau ci-dessous.

TABLEAU DES UNITÉS DE LONGUEUR

Myriam.	Kilom.	Hectom.	Décam.	MÈTRES	Décim.	Centim.	Millim.
diz. de mille	mille	centaines	dizaines	unités	dixièm.	centièm.	millièm.

Soit à changer $422^{m},8$ en hectomètres. Je porte la virgule à droite du 4, qui représente les hectomètres, et j'ai 4 hectom. 228.

Soit à changer 2m,986 en centimètres. Je porte la virgule à droite du 8, qui représente les centimètres, et j'ai 298 centim. 6.

EXERCICES ORAUX

1382. Questions. — Quand prenez-vous le kilomètre pour unité? — Comment la distance est-elle indiquée sur les routes?

1383. Qu'est-ce qu'une lieue en kilomètres? — une demi-lieue? — un quart de lieue? — Combien 2 lieues font-elles de kilomètres? — 3 lieues? — 5 lieues? etc.

1384. Comment changez-vous l'unité dans un nombre écrit? — Convertissez en kilomètres les nombres suivants : 4 300 mètres ; — 7 000 mètres ; — 400 mètres ; — 17 800 mètres.

1385. Convertissez en centimètres les nombres suivants : 4m,35 ; — 3m,10 ; — 0m,75 ; — 1m,90 ; — 0m,815 ; — 0m,064 ; — 0m,109 ; — 2m,8.

1386. Exercice d'ensemble. — Lisez chacun des chiffres des nombres suivants, en lui donnant le nom de l'unité qu'il représente :

629m,43	736m,839	7 524m,37	2 048m,50
7 638m,796	1 049m,7	370m,098	434m,75

EXERCICES ÉCRITS

Écrivez en chiffres, en un seul nombre de mètres, les nombres suivants :

1387. Cinq *hectomètres* huit *décamètres* cinq *mètres*. — Quinze *kilomètres* six *hectomètres* trois *mètres*.— Dix-sept *hectomètres* deux *mètres*.

1388. Trois *myriamètres* neuf *hectomètres* sept *mètres*. — Quatre *kilomètres* huit *décamètres*. — Cinq *myriamètres* deux *kilomètres* sept *hectomètres*.

1389. Une *lieue*. — Trois *lieues*. — Une *demi-lieue*.

1390. Un *quart de lieue*. — Deux *lieues* et demie. — Quatre *lieues* un quart.

1391. Trois *quarts de lieue*. — Cinq *lieues* trois quarts. — Une *lieue* un quart.

Ecrivez en chiffres les nombres suivants, en les convertissant en centimètres.

1392. Cinquante-deux *mètres* trois cent vingt-deux *millimètres*. — Soixante-six *mètres* quatorze *centimètres*.

1393. Sept *mètres* cent trente-cinq *millimètres*. — Vingt-neuf *mètres* trois *décimètres*.

1394. Six *mètres* trois *centimètres*. — Deux cent dix-neuf *millimètres*

Ecrivez chacun des chiffres des nombres suivants, en le faisant suivre du nom de l'unité qu'il représente :

1395. 249m,63	**1396.** 39m,520	**1397.** 526m,348
137m,541	32 896m,76	2 804m,009

Convertissez en hectomètres les nombres suivants, et additionnez :

1398.	3 647 mèt. 6 522 décam. 378 kilom.	**1400.**	5 349 kilom. 378 myriam. 19 549 décim.
1399.	3 269 décim. 17 367 mèt. 270 décam.	**1401.**	5 040 décam. 300 kilom. 17 000 mèt.

Convertissez en centimètres les nombres suivants, et additionnez :

1402.	90 mèt. 39 déc. 590 mill.	**1403.**	140 mèt. 32 décam. 278 millim.	**1404.**	18 mèt. 56 mill. 27 déc.	**1405.**	312 millim. 40 décam. 70 mèt.

1406. Un homme qui a marché trois heures a parcouru, dans la première heure, 3 kilom. 690; dans la seconde, 1 lieue un quart; dans la troisième, 41 hectomètres. Combien a-t-il fait de kilomètres dans les trois heures?

1407. Une jeune fille qui travaille à une tapisserie en a fait le premier jour $0^{m},25$; le second jour, 3 décimètres; le troisième jour, 18 centimètres; le quatrième jour, $0^{m},4$. Combien en a-t-elle fait dans ces quatre jours?

1408. Rouen, chef-lieu du département de la Seine-Inférieure, est à 137 kilom. de Paris, et Le Havre, port de mer, dans le même département, est à 23 lieues de Rouen. Quelle est la distance de Paris au Havre?

1409. Chartres, chef-lieu du département d'Eure-et-Loir, est à 93 kilom. de Paris; Le Mans, chef-lieu du département de la Sarthe, est à 29 lieues de Chartres, et Rennes, chef-lieu du département d'Ille-et-Vilaine, est à 1 620 hectom. du Mans. Quelle est, en kilomètres, la distance de Paris à Rennes?

CINQUIÈME MOIS

Sommaire. — Mesures de surface. — Ce que c'est qu'un carré. — Le mètre carré. — Ce que c'est qu'une surface. — Sous-multiples du mètre carré. — Comment le mètre carré contient 100 décimètres carrés. — Exercices oraux et écrits. — Multiples du mètre carré. — Le kilomètre carré. — Changement d'unité. — Exercices oraux et écrits. — Mesures agraires. — Conversion des mètres carrés en hectares, ares et centiares. — Exercices et problèmes.

MESURES DE SURFACE
OU DE SUPERFICIE

215. Je prends quatre crayons d'égale longueur; je les assemble bout à bout de manière qu'ils ne penchent d'aucun côté : j'ai formé un **carré.**

Carré.

Si les crayons avaient 1 mètre de longueur, l'espace renfermé par eux serait 1 *mètre carré.*

216. Mètre carré. — Le **mètre carré** est un carré dont chaque côté a 1 mètre de longueur.

217. Surface ou **superficie.** — Un espace limité par des lignes prend le nom général de **surface** ou **superficie.** Ainsi, un *tableau*, un *plancher*, un *terrain* sont des surfaces.

218. Unité de surface. — On prend pour unité de surface le **mètre carré.** Ainsi, une cour, un jardin contiennent *tant* de mètres carrés.

EXERCICES ORAUX

1410. Exercices d'ensemble. — Lisez ensemble les nos 215, 216, 217 et 218 qui précèdent.

1411. Questions. — Prenez quatre objets d'égale longueur ayant la forme de lignes droites et placez-les en carré. — Tracez un carré au tableau noir. (Plusieurs élèves vont tour à tour au tableau.)

1412. Qu'est-ce qu'un mètre carré? — Qu'est-ce qu'une surface? — Citez des surfaces (autres que celles du livre). — Quelle est l'unité des mesures de surface?

SOUS-MULTIPLES DU MÈTRE CARRÉ

219. Les sous-multiples du mètre carré sont :

Le **décimètre carré,** qui est un carré de 1 décimètre de côté.
Le **centimètre carré,** — 1 centimètre de côté.
Le **millimètre carré,** — 1 millimètre de côté.

220. Ces sous-multiples sont de **cent** en **cent** fois **plus petits** les uns que les autres.

Le centimètre carré. (Grandeur réelle.)

Ainsi, dans 1 mètre carré il y a 100 décimètres carrés;

Dans 1 décimètre carré il y a 100 centimètres carrés;

Dans 1 centimètre carré il y a 100 millimètres carrés.

Cela revient à dire que :

Le décimètre carré est la 100e partie du mètre carré et s'écrit 0 m.c. 01 ;

Le centimètre carré est la 10 000e partie du mètre carré et s'écrit 0 m.c. 0001 ;

Le millimètre carré est la 1 000 000e partie du mètre carré et s'écrit 0 m.c. 000001.

221. Voici comment je prouve que le mètre carré, par exemple, vaut 100 décimètres carrés.

Je trace un carré ABCD, que je suppose avoir 1 mètre de côté et qui est, par conséquent, le mètre carré.

Je le divise en 10 bandes égales, de AB à DC : chaque bande a 1 décimètre de hauteur et 1 mètre de longueur.

Je divise ensuite la première bande AB en 10 carrés; chacun de ces carrés, ayant 1 décimètre de tous les côtés, vaut 1 décimètre carré.

La 2e bande divisée de la même façon me donne aussi 10 décimètres carrés.

Il en serait de même de la 3e, de la 4e,..., de la 10e bande.

Les 10 bandes donnent ensemble 100 décimètres carrés.

222. Dans l'écriture d'un nombre de mètres carrés, il faut **deux chiffres** pour représenter chaque sous-multiple.

Ainsi, le nombre 4 *mètres carrés* 6 *décimètres carrés* 5 *centimètres carrés* 18 *millimètres carrés* s'écrit :

4 m.car. 060518.

EXERCICES ORAUX

1413. Questions. — Quels sont les sous-multiples du mètre carré ? — Combien le mètre carré vaut-il de décimètres carrés ? — Combien le décimètre carré vaut-il de centimètres carrés ? etc.

1414. Quelle partie du mètre carré représente le décimètre carré ? — le centimètre carré ? — le millimètre carré ?

1415. Combien le mètre carré vaut-il de centimètres carrés ? — de millimètres carrés ?

1416. Prouvez au tableau que le mètre carré vaut 100 décimètres carrés. (Plusieurs élèves vont tour à tour au tableau.)

Écrivez en chiffres au tableau les nombres suivants :

1417. Un *mètre carré* douze *centimètres carrés* neuf *millimètres carrés.*

1418. Dix-sept *mètres carrés* huit *centimètres carrés.*

1419. Soixante *mètres carrés* neuf cent treize *millimètres carrés.*

1420. Exercices d'ensemble. — Lisez ensemble les nombres suivants en les décomposant par sous-multiples. (Ex. : 9 mèt. car. 14 décim. car. 28 centim. car. 32 millim. car., etc.)

9m. car.,142832	16m. car.,3460	6m. car.,2908
2m. car.,1908	0m. car.,960025	1m. car.,002736

EXERCICES ÉCRITS

Écrivez en chiffres les nombres suivants : (Ex. : 3m. car.,0019, etc.).

1421. Trois *mètres carrés* dix-neuf *centimètres carrés.* — Seize *mètres carrés* vingt *décimètres carrés* treize *millimètres carrés.*

1422. Zéro *mètre carré* quatorze *centimètres carrés.* — Zéro *mètre carré* deux cent quinze *millimètres carrés.*

1423. Un *mètre carré* cinq cent trente *centimètres carrés.* — Douze *mètres carrés* quatre *décimètres carrés* sept *millimètres carrés.*

Écrivez les nombres suivants, en les décomposant par sous-multiples. Ex. 3 *mètres carrés* 58 *décimètres carrés*, etc.

1424.	3m. car.,583906	**1426.**	5m. car.,290080	**1428.**	29m. car.,380176
	7m. car.,602040		4m. car.,360076		17m. car.,040705
1425.	0m. car.,090608	**1427.**	0m. car.,705030	**1429.**	12m. car.,0075
	18m. car.,0457		2m. car.,070538		6m. car.,820060

MULTIPLES DU MÈTRE CARRÉ

223. Les multiples du mètre carré sont :

Le **décamètre carré** (10 mètres de côté), valant 100 mètres carrés ;

L'**hectomètre carré** (100 mètres de côté), valant 10000 mètres carrés ;

Le **kilomètre carré** (1000 mètres de côté), valant 1000000 de mètres carrés.

On pourrait prouver comme plus haut que ces multiples se contiennent de **cent** en **cent.**

Il faut donc également **deux chiffres** pour écrire chacun de ces multiples.

Ainsi le nombre : 9 hectomètres carrés 7 décamètres carrés 8 mètres carrés s'écrit :

90708 mètres carrés.

Le dernier multiple de gauche seul peut n'avoir qu'un chiffre.

EXERCICES ORAUX

1430. Questions. — Quels sont les multiples du mètre carré? — Combien le décamètre vaut-il de mètres carrés? — Combien le kilomètre carré vaut-il d'hectomètres carrés? — de mètres carrés?

Écrivez en chiffres, au tableau, les nombres suivants :

1431. Sept *kilomètres carrés* quarante-trois *décamètres carrés* deux *mètres carrés.*

1432. Huit *myriamètres carrés* seize *hectomètres carrés* douze *mètres carrés*, etc.

EXERCICES ÉCRITS

Écrivez en un seul nombre de mètres carrés les nombres suivants :

1433. 28 hectomètres carrés 17 décamètres carrés 35 mètres carrés. — 4 kilomètres carrés 5 hectomètres carrés 8 mètres carrés.

1434. 7 myriamètres carrés 3 hectomètres carrés 9 décamètres carrés. — 128 hectomètres carrés.

Écrivez en toutes lettres les nombres de mètres carrés qui suivent, en les décomposant par multiples :

1435.	453 827 m. car.	**1437.**	2 946m. car.,39	**1439.**	36 049 345 m. c.
	7 807 630 m. car.		7 687m. car.,2070		928 065 700 m. c.
1436.	26 594 300 m. car.	**1438.**	172m. car.,4708	**1440.**	387 694 m. c.
	8 676 954 m. car.		76 139m. car.,74		84 009 806 m. c.

CHANGEMENT D'UNITÉ

224. On peut prendre pour unité de superficie, au lieu de l'unité principale, tel multiple ou sous-multiple que l'on veut.

225. Kilomètre carré. — On prend pour **unité** le **kilomètre carré** pour évaluer la superficie d'un arrondissement, d'un département, d'une contrée, etc. Exemple : le département de l'Yonne a une superficie de 7 428 kilomètres carrés.

226. Changement d'unité superficielle dans un nombre écrit. — Pour changer l'unité superficielle dans un nombre écrit, je le partage par la pensée en tranches de deux chiffres, à partir de l'unité donnée, tant à gauche qu'à droite, puis je porte la virgule à droite de la tranche représentant l'unité que je veux avoir.

Soit à changer en centimètres carrés le nombre 7 m. car. 283604, j'aurai :

72836 c.car., 04.

Si le nombre ne renferme pas l'unité que je cherche, j'écris des zéros pour la représenter.

Exemple : 486 m. car. à convertir en centimètres carrés. J'aurai :

4860000 centimètres carrés.

EXERCICES ORAUX

1441. Questions. — Pour quelles surfaces prend-on le kilomètre carré comme unité ? — Comment changez-vous l'unité dans un nombre écrit ?

1442. Écrivez au tableau les nombres suivants, et convertissez-les en décamètres carrés ; puis, en décimètres carrés : 7 439$^{\text{m. car.}}$,15 ; — 64 k. car. ; — 147 689 c. car. ; — 762 k. car. ; — 53 628 497 m. car.

EXERCICES ÉCRITS ET PROBLÈMES

Faites les additions suivantes, après avoir converti les nombres en mètres carrés :

1443. 3 426 décim. car. + 74 732 centim. car. + 87 395 673 millim. car.
1444. 139 décam. car. + 626 hectom. car. + 7 349 mèt. car.

Faites les additions suivantes, après avoir converti les nombres en centimètres carrés :

1445. 73 948 millim. car. + 59 m. car. + 826 décim. car.
1446. 14$^{\text{décim. car.}}$,37 + 54$^{\text{m. car.}}$,2583 + 6 498 cent. car.

Convertissez en kilomètres carrés, et additionnez :

1447. 72 843 hectom. car. + 417 myriam. car. + 5 140 000 décam. car.
1448. 549 myriam. car. + 46 920 000 mèt. car. + 437 268 hectom. car.

1449. La superficie du département de la Seine est de 475$^{\text{kilom. car.}}$,54 ; celle de Seine-et-Oise, de 5 603$^{\text{kilom. car.}}$,37 ; celle de Seine-et-Marne, de 5 909$^{\text{kilom. car.}}$,32. Quelle est la superficie totale de ces trois départements ?

1450. Un particulier achète un terrain de 147 mètres carrés. Il en emploie 5 948 décim. car. pour la construction d'une maison, et convertit le reste en jardin. Quelle est en décimètres carrés la superficie du jardin ?

MESURES AGRAIRES

227. Les mesures agraires sont employées pour évaluer la contenance des terrains consacrés à l'agriculture.

228. Are. — L'unité des mesures agraires est l'**are**. L'are vaut 100 mètres carrés ou 1 décamètre carré.

229. Hectare. — 100 ares ou 10 000 mètres carrés font un **hectare**.

230. Centiare. — La 100e partie d'un are ou 1 mètre carré est un **centiare**.

231. Dans un nombre d'ares, les *hectares* sont au rang des *centaines* et les *centiares* au rang des *centièmes*.

Ainsi, le nombre 4 hectares 9 ares 6 centiares s'écrit :

409 ares 06.

232. Conversion des mètres carrés en hectares, ares et centiares. — Dans un nombre de mètres carrés, les centiares occupent les deux premiers chiffres à droite, les ares les deux suivants et les hectares ceux qui viennent après.

Ainsi, le nombre 1346890 mètres carrés est le même que :

134 hectares 68 ares 90 centiares.

De même, le nombre 1 hectare 52 ares 65 centiares est le même que :

15265 mètres carrés.

Il faut toujours se rappeler que :

L'hectare vaut un *hectomètre carré* ou 10000 mètres carrés.
L'are — un *décamètre carré* ou 100 mètres carrés.
Le **centiare** vaut un *mètre carré*.

EXERCICES ORAUX

1451. Questions. — Qu'appelle-t-on mesures agraires? — Quelle est l'unité des mesures agraires? — Comment se nomme la mesure de cent ares?

1452. Qu'est-ce que le centiare? — Combien le centiare vaut-il de mètres carrés? — l'are? — l'hectare?

EXERCICES ÉCRITS ET PROBLÈMES

Écrivez en chiffres les nombres suivants, en prenant pour *unité* l'are :

1453. Cinq *hectares* vingt-six *ares* trente *centiares*. — Treize *hectares* quinze *ares* quarante *centiares*.

1454. Neuf *hectares* huit *ares* six *centiares*. — Cinquante-neuf *centiares*. — Vingt *hectares* sept *ares* quatre-vingts *centiares*.

Convertissez en hectares, ares et centiares les nombres suivants :

1455. 64 728 m. car.	**1456.** 13 458 m. car.	**1457.** 16 927 m. car
493 017 —	155 927 —	838 486 —

Faites les additions suivantes en mètres carrés :

1458. 5 h. 24 ares 38 c. + 9 h. 8 ares 7 c. + 16 h. 90 ares 4 c.

1459. 276 ares 45 c. + 24 h. 9 ares 45 c. + 376 h. 48 ares.

1460. 3 148 hect. + 12 465 ares. + 76 295 cent.

1461. Une propriété se compose d'un champ de $8^{hect.}$,36, d'un pré de 1 260 ares et d'une vigne de 1 680 mètres carrés. Quelle est la superficie totale de la propriété?

1462. Un terrain de 76^{ares},80 a été traversé par une route qui en a pris 596 mètres carrés. Dites ce qui reste en ares.

SIXIÈME MOIS

Sommaire. — Mesures de volume. — Ce que c'est qu'un volume. — Cube. — Le mètre cube. — Sous-multiples du mètre cube. — Comment le mètre cube contient 1 000 décimètres cubes. — Comment on écrit un nombre de mètres cubes. — Exercices oraux et écrits. — Changement d'unité. — Exercices et problèmes. — Le stère. — Décastère et décistère. — Double stère et demi-décastère. — Exercices et problèmes.

MESURES DE VOLUME

233. Volume. — Tout ce qui a une longueur, une largeur et une épaisseur est un **volume**.

Un pavé, un tas de pierres, une poutre sont des volumes.

234. Cube. — Un volume qui a six surfaces carrées égales est un **cube**. Exemple : un dé à jouer.

235. Mètre cube. — Un cube dont chaque face a 1 mètre carré est un **mètre cube**.

236. Unité de volume. — On prend pour unité de volume le **mètre cube**.

Ainsi, on dit qu'un bloc de marbre, un tas de terre ont *tant* de mètres cubes.

EXERCICES ORAUX

1463. Exercice d'ensemble. — Lecture des nos 233 à 236 qui précèdent.

1464. Questions. — Qu'est-ce qu'un volume? — Citez des volumes (autres que ceux du livre). — Qu'est-ce qu'un cube? — Quelle est l'unité des mesures de volume?

1465. Dessinez un cube au tableau.

SOUS-MULTIPLES DU MÈTRE CUBE

237. Les sous-multiples du mètre cube sont :

Le **décimètre cube**, qui est un cube de 1 décimètre de côté;
Le **centimètre cube**, — 1 centimètre de côté;
Le **millimètre cube**, — 1 millimètre de côté.

238. Ces sous-multiples sont de **mille** en **mille** fois plus petits les uns que les autres.

Le centimètre cube. (Grandeur réelle.)

Ainsi, dans un mètre cube, il y a 1 000 décimètres cubes;

Dans un décimètre cube, il y a 1000 centimètres cubes;

Dans un centimètre cube, il y a 1000 millimètres cubes.

Cela revient à dire que :

Le décimètre cube est la 1000e partie du mètre cube et s'écrit 0 m. cub. 001;

Le centimètre cube est la 1000000e partie du mètre cube et s'écrit 0 m. cub. 000001;

Le millimètre cube est la 1000000000e partie du mètre cube et s'écrit 0 m. cub. 000000001.

239. Voici comment je prouve que le mètre cube, par exemple, contient 1000 décimètres cubes.

Je prends une boîte cubique que je suppose être le mètre cube.

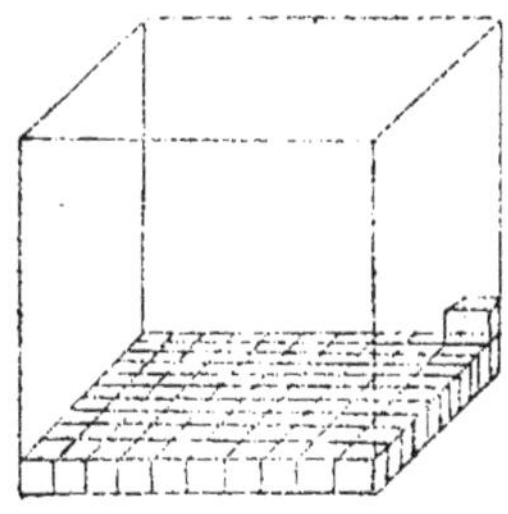

J'en divise le fond en 100 décimètres carrés que je couvre avec 100 cubes de 1 décimètre de côté, ce qui me donne une première couche de 100 décimètres cubes.

La boîte ayant 1 mètre de haut, elle pourra contenir 10 couches semblables, c'est-à-dire 10 fois 100 décimètres cubes ou 1 000 décimètres cubes.

240. Dans l'écriture d'un nombre de mètres cubes, il faut **trois chiffres** pour représenter chaque sous-multiple.

Ainsi, le nombre 3 *mètres cubes* 5 *décimètres cubes* 3 *centimètres cubes* 25 *millimètres cubes* s'écrit :

3 m. cub. 005 003 025.

EXERCICES ORAUX

1466. Questions. — Quels sont les sous-multiples du mètre cube? — Combien le mètre cube vaut-il de décimètres cubes? — Combien le décimètre cube vaut-il de centimètres cubes?

1467. Quelle partie du mètre cube représente le décimètre cube? etc.

1468. Prouvez au tableau que le mètre cube vaut 1 000 décimètres cubes. (Plusieurs élèves vont tour à tour au tableau.)

EXERCICES ÉCRITS

Écrivez en chiffres les nombres suivants :

1469. Deux *mètres cubes* soixante-cinq *décimètres cubes.* — Un *mètre cube* cinquante-neuf *centimètres cubes.*

1470. Deux cent trente-trois mille six cent quarante *centimètres cubes.* — Douze cent six mille neuf cent soixante-dix *millimètres cubes.*

Écrivez en toutes lettres les nombres suivants, en les décomposant par sous-multiples :

1471.	**1472.**	**1473.**
3m. cub.,926408	249m. cub.,310	0m. cub.,292847300
2m. cub.,347054	676m. cub.,427328	0m. cub.,367200

CHANGEMENT D'UNITÉ

241. Les multiples du mètre cube ne sont pas employés. Au lieu de dire 1 *décamètre cube*, on dit 1 000 *mètres cubes*, etc.

Chacun des sous-multiples est souvent pris pour unité. Ainsi, on dit *un décimètre cube de marbre*, *un centimètre cube d'eau*, etc.

242. Changement d'unité dans un nombre écrit. — Pour convertir des mètres cubes en décimètres cubes, centimètres cubes et millimètres cubes, je porte la virgule de 3 rangs, 6 rangs et 9 rangs à droite. Ainsi, le nombre

4 m. cub. 372 629 536

équivaut à :

4372 décim. cub. 629 536;

4372 629 centim. cub. 536;

4 372 629 536 millim. cub.

EXERCICES ORAUX

1474. Questions. — Les multiples du mètre cube sont-ils employés? — Comment convertissez-vous des mètres cubes en décimètres cubes? — en centimètres cubes? etc.

1475. Écrivez au tableau un nombre de décimètres cubes, et convertissez-le en mètres cubes ; — en centimètres cubes, etc.

EXERCICES ÉCRITS ET PROBLÈMES

Convertissez en décimètres cubes, et additionnez :

1476. 28 m. cub. + 176 m. cub. + 4937 m. cub. + 17$^{\text{m. cub.}}$,529.

1477. 4284$^{\text{m. cub.}}$,725 + 672 m. cub. +324$^{\text{m. cub.}}$,095.

Convertissez en centimètres cubes, et faites les soustractions :

1478. 294$^{\text{déc. cub.}}$,8439 — 82 948 763 millim. cubes.

1479. 204 870 043 millim. cub. — 77$^{\text{déc. cub.}}$,409228.

1480. Pour sabler une allée, il a fallu 3 tombereaux de sable, mesurant chacun 1$^{\text{m. cub.}}$,380. Combien a-t-on mis de décimètres cubes de sable dans l'allée?

1481. Deux ouvriers creusent un fossé ; le premier enlève, par jour, 12$^{\text{m. cub.}}$,475 de terre ; le deuxième, 9 350 décim. cubes. Quel est celui qui en enlève le plus, et combien?

1482. Un fermier a trois tas de fumier, qui contiennent : le premier, 8$^{\text{m. cub.}}$,540 ; le deuxième, 10 652 déc. cubes ; le troisième, 2 900 déc. cubes. Combien de mètres cubes en tout?

MESURES POUR LE BOIS

243. Stère. — Le mètre cube appliqué à la mesure du bois de chauffage et de charpente prend le nom de **stère**.

244. Décastère. — Une mesure de 10 stères ou 10 mètres cubes forme un **décastère**.

245. Décistère. — La dixième partie du stère forme un **décistère**, qui s'écrit 0 st. 1.

Le stère.

246. Bois de chauffage. — Pour mesurer le bois de chauffage, on se sert du châssis ci-dessus, dont le volume intérieur est de 1 mètre cube; c'est le *stère*. Il suffit d'empiler des bûches jusqu'aux bords pour avoir un stère de bois.

Les autres mesures du commerce sont : le *double stère* (2 stères) et le *demi-décastère* (5 stères). Elles ont la même forme que le stère.

Dans le commerce de détail, le bois se vend aussi au poids.

247. Remarque. — Il ne faut pas confondre le **décistère,** qui est la 10e partie du stère ou du mètre cube, avec le **décimètre cube** qui en est la 1000e partie.

EXERCICES ORAUX

1483. Questions. — Qu'est-ce que le stère? — le décastère? — le décistère? — Quelle est la forme du stère qui sert à mesurer le bois de chauffage? — De quelles mesures se sert-on encore?

1484. Quelle différence y a-t-il entre un décistère et un décimètre cube?

EXERCICES ÉCRITS ET PROBLÈMES

Effectuez en stères les additions suivantes :

1485. 349 décistères + 28 décastères + 550 stères.

1486. 25 stères + 48 mèt. cubes + 72 000 décim. cubes.

Effectuez en décistères les soustractions suivantes :

1487. 49 stères — 326 décistères.

1488. 5 490 décistères — 184 090 décim. cubes.

1489. Un marchand de bois a fait rentrer dans son chantier, pour l'hiver, 596 stères de bois. Il en a vendu 3 284 décistères. Combien lui en reste-t-il?

1490. Dans une administration, on a brûlé trois voitures de bois de chacune 2st.,8 et deux voitures de chacune 3st.,45. Combien a-t-on brûlé de décistères en tout?

SEPTIÈME MOIS

Sommaire. — Mesures de contenance. — Le litre. — Formes du litre. — Multiples et sous-multiples du litre. — Changement d'unité. — L'hectolitre. — Exercices oraux et écrits. — Mesures du commerce. — Relations entre les mesures de volume et les mesures de capacité. — Exercices et problèmes.

MESURES DE CONTENANCE
OU DE CAPACITÉ

248. Voici une boîte cubique dont l'intérieur a 1 décimètre de long, de large et de haut, et qui représente par conséquent 1 décimètre cube; c'est cette contenance qu'on a prise pour unité des mesures de capacité. On lui a donné le nom de **litre**.

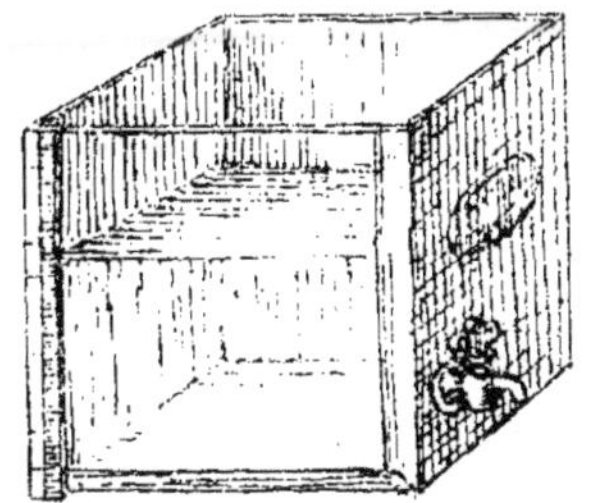

Boîte de l'appareil Level.

249. Litre. — Le litre, unité des mesures de capacité, est la contenance d'un **décimètre cube**.

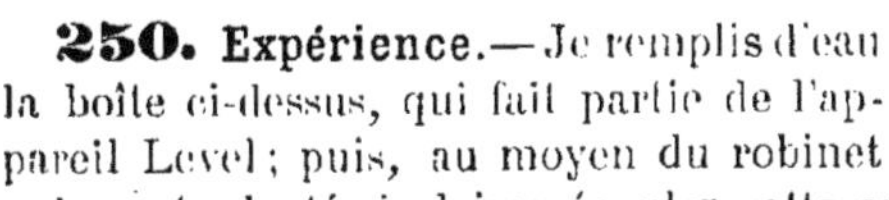

250. Expérience. — Je remplis d'eau la boîte ci-dessus, qui fait partie de l'appareil Level; puis, au moyen du robinet qui y est adapté, je laisse écouler cette eau dans un litre : le litre doit se trouver rempli exactement.

251. On donne au litre différentes formes; les unes sont affectées aux liquides, les autres aux grains, etc.; mais, quelle que soit la forme du litre, sa contenance doit être d'un décimètre cube.

MULTIPLES ET SOUS-MULTIPLES DÉCIMAUX DU LITRE

252. Une mesure de 10 litres est un **décalitre**;
— 100 — **hectolitre**;
— 1000 — **kilolitre**.

253. La 10e partie d'un litre est un **décilitre**, que j'écris $0^l,1$:
La 100e — — **centilitre**, — $0^l,01$.

Cela revient à dire que le litre vaut **10** décilitres, ou **100** centilitres, etc.; que le kilolitre vaut **10** hectolitres, ou **100** décalitres, etc.

CHANGEMENT D'UNITÉ

254. Décalitre. — On prend souvent pour *unité* le décalitre, dans le commerce en détail des légumes secs. Le décalitre prend alors vulgairement le nom de **boisseau**.

255. Hectolitre. — L'hectolitre est pris pour *unité* dans le commerce en gros des liquides, des grains et des légumes secs. Ainsi, on dit 18 *hectolitres de vin*, 7 *hectolitres d'orge*, 35 *hectolitres de pommes*.

256. Changement d'unité dans un nombre écrit. — Je porte la virgule à droite du chiffre représentant l'unité que je veux avoir. Ainsi, le nombre 2437 *litres devient* en hectolitres :

24 hectol. 37.

En centilitres, il devient :

243700 centilitres.

EXERCICES ORAUX

1491. Exercice d'ensemble. — Lisez ensemble les nos 248 à 256, qui précèdent.

1492. Questions. — Quelle est l'unité principale des mesures de capacité? — Comment a-t-on déterminé le litre? — Quels sont les multiples et les sous-multiples du litre?

1493. Quand prenez-vous pour unité le décalitre? — l'hectolitre? — Comment se nomme encore le décalitre? — Comment changez-vous l'unité dans un nombre écrit?

1494. Exercice d'ensemble. — Lisez chacun des chiffres des nombres suivants, en lui donnant le nom de l'unité qu'il représente :

$625^{\text{lit.}},35$	$49^{\text{lit.}},24$	$119^{\text{lit.}},45$
$4\,362^{\text{lit.}},84$	$728^{\text{lit.}},65$	$2\,836^{\text{lit.}},70$

EXERCICES ÉCRITS ET PROBLÈMES

Effectuez en litres les additions suivantes :

1495. 627 litres + 76 décalitres + 8 926 décilitres.

1496. 5 437 centilitres + 326 litres + 187 décilitres.

Effectuez en hectolitres les soustractions suivantes :

1497. 74 hectolitres — 2 960 litres.

1498. 153 décalitres — 1 160 litres.

1499. D'un fût d'eau-de-vie, contenant 112 litres, un marchand a déjà vendu 28 litres ; puis, 54 litres. Combien de litres reste-t-il?

1500. Un fermier a récolté, dans un champ, 19 hectolitres de pommes de terre ; dans un second champ, 86 décalitres ; dans un troisième champ, $16^{\text{hectol.}},5$. Combien a-t-il récolté de litres de pommes de terre en tout?

1501. Un meunier peut moudre $2^{\text{hectol.}},25$ de blé par heure. Combien peut-il moudre de litres en 3 heures?

MESURES DU COMMERCE

257. Les mesures du commerce, prescrites par la loi, sont :

Le centilitre. . . . $(0^{\text{l}}.,01)$		Le demi-décalitre. $(5^{\text{l}}.)$
Le double centilitre $(0^{\text{l}}.,02)$	Le demi-litre. $(0^{\text{l}}.,5)$	Le décalitre. . . . $(10^{\text{l}}.)$
Le demi-décilitre. $(0^{\text{l}}.,05)$	Le litre. . . . $(1^{\text{l}}.)$	Le double décalitre $(20^{\text{l}}.)$
Le décilitre. . . . $(0^{\text{l}}.,1)$	Le double litre $(2^{\text{l}}.)$	Le demi-hectolitre $(50^{\text{l}}.)$
Le double décilitre $(0^{\text{l}}.,2)$		L'hectolitre. . . . $(100^{\text{l}}.)$

Ces mesures comprennent trois catégories :

258. 1re catégorie. — Elle comprend les mesures en étain, qui servent pour le commerce de détail du vin et des liqueurs, depuis le double litre jusqu'au centilitre. La loi tolère aussi l'emploi du litre et du demi-litre en verre. On se sert également des *bouteilles*, dont la contenance moyenne est de 75 centilitres.

Le litre. La bouteille.

259. 2e catégorie. — La deuxième catégorie comprend les mesures en fer-blanc, affectées au lait et à l'huile. Elles ont la forme ci-dessous, et leur série s'étend également du double litre au centilitre.

260. 3e catégorie.—Elle se compose des mesures en bois,

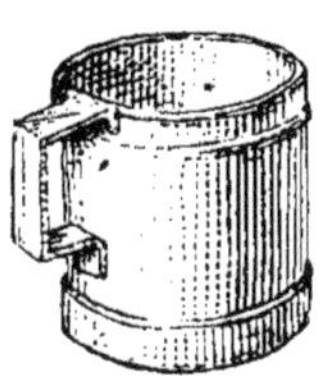

Pour l'huile. Pour le lait. Pour les matières sèches.

qui servent à mesurer les matières sèches, telles que le blé, les pommes.

261. Fûts. — La loi tolère, dans le commerce de gros des liquides, l'emploi des *fûts*, mais à la condition que leur contenance soit déterminée en litres. Les plus usités sont : la *feuillette* de 136 litres, la *demi-feuillette*, la *pièce* bordelaise de 225 litres, la *demi-pièce* bordelaise.

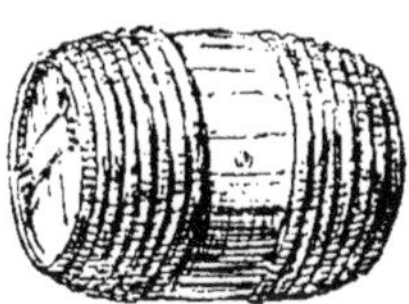

Pièce bordelaise.

RELATIONS ENTRE LES MESURES DE VOLUME ET LES MESURES DE CAPACITÉ

262. — Le *décimètre cube* est égal au *litre*.

Le *mètre cube* vaut 1000 décimètres cubes, ou 1000 litres, ou 1 *kilolitre*.

EXERCICES ORAUX

1502. Exercice d'ensemble. — Lisez ensemble les nos 257 à 262 ci-dessus.

1503. Questions. — Quelles sont les mesures de contenance employées dans le commerce? — Combien de litres valent : le demi-hectolitre? — le double décalitre? — le demi-décalitre?

1504. Quelles sont les trois catégories de mesures? — Quelle est la contenance des principaux fûts?

EXERCICES ÉCRITS ET PROBLÈMES

Additionnez en litres les nombres suivants :

1505. 1 demi-hectolitre + 1 double décalitre + 1 demi-décalitre.

1506. 2 doubles décalitres + 3 doubles litres + 2 demi-hectolitres.

Additionnez en décilitres les nombres suivants :

1507. 1 demi-litre + 1 double décilitre + 1 demi-décilitre.

1508. 2 doubles décilitres + 3 centilitres + 4 doubles centilitres.

Faites les soustractions suivantes, et répondez en litres :

1509. 4 hectolitres — 2458 décilitres.

1510. 3 doubles décalitres — 39lit.,25.

1511. Une laitière apporte au marché un broc de lait contenant 12 litres et demi. Elle en vend à une personne 2lit.,25 ; à une autre, 3 litres et demi ; à une troisième, 2 doubles litres. Combien lui en reste-t-il ?

1512. Un épicier entame le matin un baril d'huile de 25 litres, et il fait dans la journée les ventes qui suivent : 1° 3 doubles décilitres; 2° 2 demi-litres; 3° 1 litre et demi ; 4° 5 décilitres. Combien de litres reste-t-il dans le baril ?

1513. Un fermier mesure sa récolte de haricots et trouve 2 doubles décalitres, 1 demi-décalitre, 1 double litre et 1 demi-litre. Dites le total en litres.

1514. Quelles mesures faut-il employer pour mesurer un tas de pommes de terre contenant 185 litres?

1515. Quelles mesures faut-il employer pour mesurer la contenance d'une jatte de lait de 8lit.,7 décilitres?

1516. Un bassin plein d'eau a une contenance de 16 mètres cubes. Combien contient-il d'hectolitres?

1517. On verse 28 décilitres d'eau dans un vase d'une contenance de 4 décimètres cubes. Combien faudrait-il y verser encore de centilitres d'eau pour le remplir tout à fait?

HUITIÈME MOIS

Sommaire. — Mesures de poids. — Le gramme. — Multiples et sous-multiples. — Changement d'unité; le kilogramme; la livre. — Exercices oraux et écrits; problèmes. — Poids du commerce. — Balances. — Relations entre les capacités et les poids. — Exercices et problèmes.

MESURES DE POIDS

263. Je remplis d'eau très-pure une petite boîte cubique d'une contenance de 1 *centimètre cube*; je verse cette eau dans l'un des plateaux d'une balance, et dans l'autre plateau je place un petit poids en cuivre, qui fait équilibre exactement à l'eau versée : ce poids est le **gramme**; c'est l'**unité** des mesures de poids.

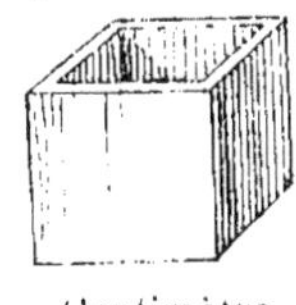

Centimètre cube.

Gramme.

264. Gramme. — Le gramme, unité des poids, est le poids d'un centimètre cube d'eau pure.

MULTIPLES ET SOUS-MULTIPLES DU GRAMME

265. Un poids de 10 grammes est un **décagramme**;
— 100 — **hectogramme**;
— 1000 — **kilogramme**.

266. La 10e partie du gramme est un **décigramme**, que j'écris 0 gr. 1.

La 100e partie du gramme est un **centigramme**, que j'écris 0 gr. 01.

La 1000e partie du gramme est un **milligramme**, que j'écris 0 gr. 001.

Cela revient à dire que le gramme vaut **10** décigrammes, ou **100** centigrammes, ou **1000** milligrammes; que le kilogramme vaut **10** hectogrammes, ou **100** décagrammes, etc.

CHANGEMENT D'UNITÉ

267. Kilogramme. — Le kilogramme (en abrégé kilo) est pris pour *unité* aussi souvent que le gramme. Ainsi, on dit : *un pain de 2 kilos, un chargement de 200 kilos*, etc.

On peut prendre en outre pour unité tel multiple ou sous-multiple que l'on veut.

268. Livre. — On se sert quelquefois, mais à tort, du mot *livre*, pour désigner un poids de *un demi-kilogramme*. La livre est souvent prise pour unité dans le commerce de détail. Ainsi, on dit : 2 livres de sel pour 1 kilo de sel, 3 livres de café pour 1 kilo et demi de café.

269. Changement d'unité dans un nombre écrit. — Je porte la virgule à droite du chiffre représentant l'unité que je veux avoir. Ainsi, le nombre 1 729 grammes devient en kilogrammes :

1 k. 729 ;

en décigrammes :

17 290 décigr.

EXERCICES ORAUX.

1518. Questions. — Quelle est l'unité des poids? — A quel volume d'eau équivaut le poids du gramme?

1519. Quels sont les multiples et les sous-multiples du gramme? — Quel poids prend-on souvent pour unité?

1520. Comment changez-vous l'unité dans un nombre écrit? — Combien le gramme vaut-il de décigrammes? — de milligrammes? etc.

1521. Exercice d'ensemble. — Lisez chacun des chiffres des nombres suivants, en lui donnant le nom de l'unité qu'il représente :

275gr.,25	538gr.,56	48gr.,296
2 947gr.,8	7 985gr.,287	4 603gr.,38

EXERCICES ÉCRITS ET PROBLÈMES

Effectuez en grammes les additions suivantes :

1522. 345 gram. + 7 246 décagram. + 229 kilogram.

1523. 5 048 décagram. + 376 hectogram. + 4 272 gram.

Effectuez en kilogrammes les additions suivantes :

1524. 3 435 hectogram. + 13 908 gram. + 4 915 décagram.

1525. 76 kilogram. + 52 196 gram. + 5 469 hectogram.

Effectuez en décigrammes les soustractions suivantes :

1526. 2 927 gram. — 49 858 centigram.

1527. 6 045 décagram. — 378 424 décigram.

1528. Un pain de sucre du poids de 7kil.,420 est scié en morceaux, et on en vend $1^{kil.},50$ à une personne et $2^{kil.},395$ à une autre. Combien reste-t-il d'hectogrammes à vendre?

1529. Une caisse vide pèse 345 grammes. Pleine de marchandise elle pèse $12^{kil.},535$. Quel est, en décagrammes, le poids de la marchandise?

1530. Avec un rouleau de fil de laiton pesant $2^{kil.},275$, on a fait des épingles dont chacune a un poids de 1 décigramme. Combien a-t-on fait d'épingles?

1531. Dans une famille, on mange $2^{kil.},48$ de pain par jour. Combien mange-t-on d'hectogrammes de pain en 3 jours?

POIDS DU COMMERCE

270. Les poids du commerce s'étendent depuis le poids de 50 kilogrammes jusqu'au poids de 1 milligramme. Ils comprennent les trois séries suivantes :

271. 1re série. — Poids en fonte de fer. Il y en a 10, les poids de :

50 kilogrammes,
20 kilogrammes,
10 kilogrammes,
5 kilogrammes,
2 kilogrammes,
1 kilogramme,

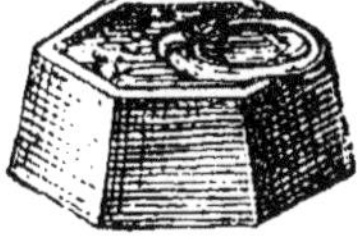

Poids en fonte.

5 hectogrammes, 2 hectogrammes, 1 hectogr., 5 décagr.

Ces poids servent pour les grosses pesées.

272. 2e série. — Poids en cuivre. Il y en a 14, les poids de : 20 kilogr., 10 kilogr., 5 kilogr., 2 kilogr., 1 kilogr., 5 hectogr., 2 hectogr., 1 hectogr., 5 décagr., 2 décagr., 1 décagr., 5 gram., 2 gram., 1 gramme.

Poids en cuivre.

Ces poids servent pour peser les denrées alimentaires.

273. 3e série. — Lames de cuivre. La troisième série est composée de lames de cuivre carrées à pans coupés. Il y en a 9, les poids de : 5 décigr., 2 décigr., 1 décigr., 5 centigr., 2 centigr., 1 centigr., 5 milligr., 2 milligr., 1 milligr.

Ces poids servent pour peser les matières précieuses : or, pierreries, etc.

BALANCES

274. Pour peser les objets, on se sert d'instruments nommés **balances**.

Les balances les plus employées sont : la balance à *bras égaux*, ou balance *ordinaire*, et la balance *Roberval*.

On place l'objet à peser dans l'un des plateaux, et on établit l'équilibre en mettant des poids dans l'autre plateau. Pour que la pesée soit juste, il faut que l'aiguille de la balance s'arrête exactement sur le zéro du cadran. Le total des poids employés indique le poids de l'objet.

Balance ordinaire.

Balance Roberval.

Exemple : *On a employé, pour peser un objet, les poids de* 1 *hectogr., de* 5 *décagr., de* 1 *décagr. et de* 5 *gr.* L'objet pèse 100 gr. + 50 gr. + 10 gr. + 5 gr., ou 165 gr.

RELATIONS ENTRE LES CAPACITÉS ET LES POIDS

275. Puisque 1 centimètre cube d'eau pure pèse 1 gramme, 1 décimètre cube, qui vaut 1 000 centimètres cubes, pèsera 1 000 grammes ou 1 kilogramme.

Ainsi, **1 litre** ou **1 décimètre cube** d'eau pure pèse **1 kilogramme.**

EXERCICES ORAUX.

1532. Exercice d'ensemble. — Lecture des nos 270 à 275 ci-dessus.

1533. Questions. — Quel est le plus gros des poids employés? — le plus petit?

1534. Combien y a-t-il de séries de poids? — Citez la première série et son emploi ; — la deuxième ; — la troisième.

1535. Quels sont les instruments avec lesquels on fait les pesées? — Comment pèse-t-on un objet?

1536. Quel est le poids d'un objet pour lequel on emploie l'*hectogramme* et le *double décagramme?* etc.

EXERCICES ÉCRITS ET PROBLÈMES

Additionnez en grammes les pesées suivantes :

1537. 2 hectogr. + 5 décagr. + 2 gram. + 1 gram.

1538. 2 décagr. + 5 gram. + 2 gram. + 5 décigr.

Additionnez en kilogrammes les pesées suivantes :

1539. 50 kilogr. + 20 kilogr. + 5 kilogr. + 5 hectogr.

1540. 10 kilogr. + 5 kilogr. + 2 kilogr. + 2 hectogr. + 5 décagr.

1541. Un épicier a acheté, à raison de 4 francs le kilogramme, 3 sacs de café pesant : le premier, 65 kilogr. ; le deuxième, 48 kilogr. ; le troisième, 57 kilogr. Combien a-t-il payé?

1542. Un boulanger a fourni, pendant une semaine, 52 kilogr. de pain par jour à un pensionnat. Combien a-t-il fourni d'hectogrammes en tout ?

1543. Sur une boîte de dragées, qui en contient 1 kilogr., on a vendu une première fois 25 gram., une deuxième fois 125 gram. et une troisième fois 2 hectogr. Combien de grammes reste-t-il?

1544. Quel est le poids, en hectogrammes, d'une caisse pour la pesée de laquelle on a employé les poids de 20 kilogr., 2 kilogr., 5 hectogr., 2 hectogr. et 5 décagr.?

1545. Quels poids faut-il employer pour faire une pesée de 125 gram.?

1546. Quels poids faut-il employer pour faire une pesée de $83^{gr},21$?

1547. Quels poids faut-il employer pour faire une pesée de $638^{gr},83$?

1548. Quel est le poids de l'eau pure qui remplit un vase d'une capacité de $4^{décim.\ cub.},275$?

1549. Un seau vide pèse $1^{kil.},28$; on y verse $11^{lit.},5$ d'eau. Combien pèse-t-il ensuite ?

NEUVIÈME MOIS

Sommaire. — Les monnaies. — Le franc. — Le décime et le centime. — Les trois séries de monnaies françaises. — Exercices oraux et écrits. — Changement d'unité. — Le centime et le sou. — Conversion des sous en francs et centimes, et réciproquement. — Comment on rend la monnaie. — Exercices oraux et écrits. — Poids d'une somme monnayée. — Exercices et problèmes.

MONNAIES

276. Je place dans l'un des plateaux d'une balance le poids de 5 grammes et dans l'autre la pièce d'argent ci-contre, qui fait très-exactement équilibre au poids de 5 grammes : cette pièce est le **franc**.

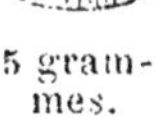

5 grammes.

277. Franc. — Le franc, unité des monnaies, est une pièce d'argent qui pèse 5 grammes.

C'est au moyen des monnaies que l'on estime la valeur de tout ce qui se vend et s'achète.

MULTIPLES ET SOUS-MULTIPLES DÉCIMAUX

278. Les multiples décimaux n'ont pas de nom particulier; on dit simplement 10 francs, 100 francs, 1 000 francs.

La 10e partie du franc est le **décime**, que j'écris 0 fr. 1;
La 100e — **centime** — 0 fr. 01.

Cela revient à dire que le franc vaut **10** décimes ou **100** centimes.

MONNAIES FRANÇAISES

279. Il y a trois séries de monnaies françaises :

1° **5 pièces d'or** : les pièces de 100 fr., de 50 fr., de 20 fr., de 10 fr. et de 5 fr.

2° **5 pièces d'argent** : les pièces de 5 fr., de 2 fr., de 1 fr., de 50 c. et de 20 c.

Vingt francs.

Un franc.

Cinq centimes.

3° **4 pièces de bronze** : les pièces de 10 c., de 5 c., de 2 c. et de 1 c.

Outre ces trois séries de monnaies, il y a des *billets de banque* de 1 000 fr., de 500 fr., de 100 fr. et de 50 fr.

EXERCICES ORAUX

1550. Questions. — Quelle est l'unité des monnaies? — Quel est le poids du franc?

1551. Quels sont les sous-multiples du franc? — Combien le franc vaut-il de décimes? — Combien le décime vaut-il de centimes?

1552. Citez la série des pièces d'or; — des pièces d'argent; — des pièces de bronze.

1553. Quelle somme font 2 pièces de 50 fr.? — 4 pièces de 20 fr.? etc.

1554. Combien faut-il de pièces de 10 fr. pour faire 50 fr.? — 80 fr.? etc.

1555. Combien la pièce de 5 fr. vaut-elle de pièces de 1 fr.? — de pièces de 50 c.? etc.

EXERCICES ÉCRITS ET PROBLÈMES

Faites les additions suivantes :

1556. Un *franc* cinquante *centimes* + trois *francs* vingt-cinq + six *francs* soixante-quinze.

1557. Neuf *francs* quarante-cinq + douze *francs* cinq + seize *francs* quatre-vingt-quinze.

1558. Écrivez en lettres les nombres suivants : 7 fr. 40 ; 3 fr. 70 ; 17 fr. 85 ; 2 fr. 08 ; 3 fr. 05 ; 6 fr. 04 ; 5 fr. 28 ; 9 fr. 46 ; 13 fr. 75.

1559. Quelle est la valeur d'une somme en or composée de 17 pièces de 20 fr. ?

1560. Un jeune homme achète, dans un magasin de confections, un paletot 40 fr. ; un pantalon, 20 fr. ; un gilet, 15 fr. Il paye avec un billet de 100 fr. Combien doit-on lui rendre ?

1561. Un sac contient 142 pièces de 10 cent. et 276 pièces de 5 cent. Combien, avec cette monnaie, pourrait-on acheter de billes à 1 centime l'une ?

1562. On envoie un enfant en commission avec une pièce de 10 fr. Il achète de la viande pour 1 fr. 25, des fruits pour 0 fr. 75, du sucre pour 1 fr. 70 et du café pour 0 fr. 40. Combien d'argent doit-il rapporter ?

CHANGEMENT D'UNITÉ

280. Centime. — Le centime est pris pour *unité* dans les sommes inférieures à 1 franc. Ainsi, on dit : 30 *centimes*, 50 *centimes*, 85 *centimes*, pour 0 fr. 30, 0 fr. 50, 0 fr. 85.

281. Sou. — La pièce de 5 centimes porte encore le nom de **sou**. Le sou est très-souvent pris pour unité dans les sommes inférieures à 3 fr. et dans la désignation de la pièce de 5 fr. On dit : 2 *sous*, 15 *sous*, 28 *sous*, 55 *sous*, 100 *sous*, pour 0 fr. 10, 0 fr. 75, 1 fr. 40, 2 fr. 75, 5 fr.

CONVERSION DES SOUS EN FRANCS ET CENTIMES

282. Pour convertir en centimes un nombre de sous inférieur à 1 fr., je **multiplie** de tête ce nombre par **5**. Exemples :

Pour 7 sous, je dis : 5 fois 7, 35 ; 7 sous valent 35 centimes.

Pour 13 sous, je dis : 5 fois 10, 50 ; 5 fois 3, 15 ; 50 et 15, 65 centimes.

Pour 16 sous, je dis : 5 fois 10, 50 ; 5 fois 6, 30 ; 50 et 30, 80 centimes.

Lorsque le nombre est supérieur à 1 fr., je retranche d'abord les francs qu'il contient et je convertis le reste en centimes. Exemples :

27 sous valent 1 franc et 7 sous, ou 1 fr. 35;
33 — 1 franc et 13 sous, ou 1 fr. 65;
56 — 2 francs et 16 sous, ou 2 fr. 80.

(Voyez le *Tableau de conversion*, Arithmétique, page 60.)

EXERCICES ORAUX

1563. Questions. — Combien font de centimes, 9 sous? — 6 sous? — 5 sous? — 10 sous? — 11 sous? — 12 sous? — 13 sous? etc.

1564. Combien font de francs et centimes, 21 sous? — 25 sous? — 30 sous? — 34 sous? — 40 sous? — 49 sous? — 50 sous? — 58 sous?

EXERCICES ÉCRITS ET PROBLÈMES

Additionnez en francs et centimes les nombres suivants :

1565. 7 sous + 8 sous + 9 sous + 13 sous + 15 sous.
1566. 4 sous + 1 sou + 6 sous + 18 sous + 19 sous.
1567. 3 sous + 5 sous + 14 sous + 17 sous + 12 sous.
1568. 23 sous + 28 sous + 31 sous + 40 sous.
1569. 30 sous + 25 sous + 45 sous + 55 sous.
1570. 19 sous + 39 sous + 59 sous + 100 sous.

1571. Louis a reçu 12 sous de ses parents, 25 sous de son parrain et 22 sous de sa marraine. Combien possède-t-il en francs et centimes?

1572. J'ai acheté 1 mètre de toile pour 48 sous, 1 mètre de calicot pour 33 sous et 1 mètre d'indienne pour 17 sous. Je paye avec une pièce de 20 fr. Combien de francs et centimes doit-on me rendre?

CONVERSION DES CENTIMES EN SOUS

283. Pour convertir des centimes en sous, je **double** le nombre de centimes et je retranche le **zéro** de droite du produit obtenu. Exemples :

Pour 40 centimes, je dis : 2 fois 40, 80, moins le zéro, 8 sous;
— 60 — 2 fois 60, 120, — 12 sous;
— 75 — 2 fois 75, 150, — 15 sous.

EXERCICES ORAUX

1573. Questions. — Comment convertissez-vous des centimes en sous? — Combien font de sous, 35 centimes? — 45 centimes? — 70 centimes? — 85 centimes? — 90 centimes? — un franc quarante? — un franc cinquante-cinq? etc.

EXERCICES ÉCRITS ET PROBLÈMES

1574. Écrivez en sous les nombres suivants : 1 fr. 15; — 0 fr. 45; — 2 fr. 10; — 1 fr. 70; — 1 fr. 90; — 0 fr. 80; — 0 fr. 95; — 2 fr. 95; — 2 fr. 75; — 1 fr. 35; — 0 fr. 55; — 2 fr. 50.

1575. Je veux acheter un objet 2 fr. 40, et je n'ai que 38 sous. Combien me manque-t-il de sous ?

1576. Je dépense 29 sous chez un marchand ; je lui donne une pièce de 2 fr., et il me rend 0 fr. 45. Combien de sous me donne-t-il en moins ?

1577. Je dépense 48 sous chez un marchand ; je lui donne une pièce de 5 fr., et il me rend 2 fr. 95. Combien de sous me donne-t-il en trop ?

COMMENT ON REND LA MONNAIE

284. Pour rendre la monnaie, je fais une **suite d'additions**, au lieu de faire une soustraction.

Exemple : Jules me doit 1 fr. 75 et il me donne une pièce de 5 fr. Pour lui rendre l'excédant, je dis : 1 fr. 75 et 0 fr. 25 que je lui donne font 2 fr., et 3 fr. que je lui donne font 5 fr.

Autre exemple : Je dois prendre 2 fr. 75 sur 10 fr. Je dis : 2 fr. 75 et 0 fr. 25 que je donne font 3 fr., et 2 fr. que je donne font 5 fr., et 5 fr. que je donne font 10 fr.

EXERCICES ORAUX

1578. Questions. — Prenez 1 fr. 80 sur 2 fr., et rendez la monnaie.

1579. Prenez de même 3 fr. 15 sur 5 fr. ; — 2 fr. 70 sur 10 fr. ; — 3 fr. 80 sur 20 fr. ; — 6 fr. 50 sur 20 fr. ; — 15 fr. 75 sur 50 fr.

POIDS D'UNE SOMME MONNAYÉE

285. Or. — 1 fr. d'or monnayé pèse 0 gr. 3225. Pour avoir le poids d'une somme en or, je multiplie 0 gr. 3225 par le nombre représentant la valeur de la somme.

Exemple : *Quel est le poids de 265 fr. en or ?* Ce poids est de :

0 gr. 3225 × 265 = 85 gr. 4625.

286. Argent. — 1 fr. d'argent monnayé pèse 5 gr. Pour avoir le poids d'une somme en argent monnayé, je multiplie 5 gr. par le nombre représentant la valeur de la somme.

Exemple : *Quel est le poids de 3650 fr. en monnaie d'argent ?* Ce poids est de :

5 gr. × 3650, = 18 250 gr., ou 18 kilogr. 250.

287. Bronze. 1 centime en bronze monnayé pèse 1 gr. Le poids d'une somme en bronze est égal à autant de grammes que cette somme contient de centimes.

Exemple : *Quel est le poids de 15 fr. en bronze ?* — Puisque 15 fr. valent 1500 centimes, le poids est de 1500 grammes ou 1 kilogr. 5.

PROBLÈMES

1580. Quel est le poids d'une somme de 2 800 fr. en or?

1581. Quel est le poids d'une somme de 750 fr. en argent?

1582. Quel est le poids de 80 fr. en monnaie de bronze?

1583. Un sac d'argent contient 16 pièces de 5 fr., 18 pièces de 2 fr. et 39 pièces de 1 fr. Quel est son poids?

1584. Quel est le poids d'une somme d'argent composée de 48 pièces de 1 fr., 28 pièces de 50 cent. et 106 pièces de 20 cent.?

1585. Quel est le poids d'une somme en monnaie de bronze composée de 180 pièces de 10 cent., 270 pièces de 5 cent., 172 pièces de 2 cent. et 45 pièces de 1 cent.?

1586. Un sac rempli de monnaie contient 39 pièces de 5 fr., 28 de 2 fr., 47 de 1 fr., 112 de 50 cent., 40 de 20 c., 56 de 10 cent. et 74 de 5 cent. Quel est son poids?

DIXIÈME ET ONZIÈME MOIS

Sommaire. — Révision orale sur les mesures métriques. — Problèmes de récapitulation générale sur le système métrique.

RÉVISION ORALE

1587. Qu'est-ce que le système métrique? — Quelles sont les six sortes de grandeurs que l'on mesure ordinairement?

1588. Quelle est l'unité des mesures de longueur? — Comment est divisé un mètre? — Quels sont les multiples du mètre?

1589. Combien faut-il de mètres pour faire un hectomètre? — un kilomètre? — une lieue? — une demi-lieue? — un quart de lieue?

1590. Quelle est l'unité des mesures de surface? — Qu'est-ce qu'un carré? — Quels sont les sous-multiples du mètre carré?

1591. Prouvez que le mètre carré vaut 100 décimètres carrés.

1592. Écrivez au tableau un nombre de mètres carrés, et décomposez-le en multiples et en sous-multiples.

1593. Combien de mètres carrés vaut un are? — un hectare? — un centiare?

1594. Quelle est l'unité des mesures de volume? — Qu'est-ce qu'un cube? — Quels sont les sous-multiples du mètre cube?

1595. Prouvez que le mètre cube vaut 1 000 décimètres cubes.

1596. Écrivez au tableau des nombres de mètres cubes ayant neuf chiffres décimaux, et décomposez-les en sous-multiples.

1597. Quelle est l'unité des mesures de capacité? — Comment a-t-on déterminé le litre?

1598. Quels sont les multiples et les sous-multiples décimaux du litre? — Quelles sont les mesures du commerce? — Combien un mètre cube d'eau vaut-il de litres?

1599. Quelle est l'unité des poids? — Comment a-t-on déterminé le gramme? — Quels sont les multiples et les sous-multiples du gramme? — Quels sont les poids du commerce?

1600. De quels instruments se sert-on pour peser? — Quel est le poids d'un litre d'eau pure? — d'un décimètre cube d'eau pure?

1601. Quelle est l'unité des monnaies? — Quel est le poids du franc? Citez les trois séries de monnaies françaises et leurs poids.

1602. Comment convertissez-vous un nombre de sous en centimes? — un nombre de centimes en sous? — Citez des exemples.

PROBLÈMES DE RÉVISION GÉNÉRALE SUR LE SYSTÈME MÉTRIQUE

1603. Trois pièces d'une même étoffe, valant 1 fr. 45 le mètre, contiennent : la première, 126^m^,75; la deuxième, 49^m^,80; la troisième, 103 mèt. Quelle est la valeur totale de cette étoffe?

1604. Un piéton doit parcourir 8 kilom. 500 mètres. Il a déjà fait 59 hectomètres. Combien de kilomètres lui reste-t-il à parcourir?

1605. Un train de chemin de fer fait 10 lieues à l'heure. Combien de kilomètres fera-t-il en 3 heures?

1606. Combien payera-t-on pour un fût de vin contenant 228 litres, vendu à raison de 65 fr. l'hectolitre?

1607. Un vigneron a récolté 34 hectolitres de vin, qu'il trouve à vendre à raison de 0 fr. 45 le litre. Combien recevra-t-il pour le tout?

1608. Combien peut-il tenir de décalitres de vin dans 1 200 bouteilles, contenant chacune $0^{lit.},75$?

1609. Un terrain contenant 7 ares 25 a été vendu 2 fr. 80 le mètre carré. L'acheteur a payé à compte 750 fr. Combien redoit-il?

1610. Lorsque le café vaut 6 fr. 50 le kilogramme, combien payera-t-on pour 6 hectogr. 50 de café?

1611. Une caisse vide pèse 7 hectogr. 90; pleine de marchandise, elle pèse 629 décagrammes. Quel est en kilogrammes le poids de la marchandise?

1612. Pour faire équilibre à un pain de sucre placé dans l'un des plateaux d'une balance, on a mis dans l'autre plateau les poids de 5 kilogr., de 2 kilogr., de 5 hectogr., de 1 hectogr., de 2 décagr. et de 5 gram. Quel est le prix de ce pain de sucre, à 1 fr. 60 le kilogramme?

1613. Un seau d'une contenance de $12^{lit.},4$ pèse vide $2^{kil.},25$. Combien pèsera-t-il lorsqu'on l'aura rempli d'eau pure?

1614. Pour paver une cour, on a employé 370 pavés de chacun 3 décimètres carrés de surface. Quel est le prix du pavage à 35 fr. le mètre carré?

1615. Quel est le poids d'un sac de monnaie contenant 12 pièces de

5 fr. en argent, 18 pièces de 2 fr., 45 pièces de 1 fr. et 53 pièces de 50 centimes?

1616. Pour orner un édifice, on a employé 26 mètres cubes de marbre. On demande : 1° le prix de ce marbre, à raison de 1 fr. 75 le décimètre cube; 2° son poids, si chaque décimètre cube pèse 2kil.,837.

1617. Pour entourer un terrain, on a employé des planches de 9 centimètres de largeur, et on a laissé entre elles un intervalle de 4 centimètres. Sachant qu'on a employé 428 planches, quel est, en mètres, le pourtour de ce terrain?

1618. Un homme, en mourant, laisse pour 60 000 fr. de dettes. Pour les payer on vend 15 hectares de terrain, qui lui appartenait, au prix de 28 fr. 50 l'are. Combien les créanciers perdront-ils?

1619. Pour carreler une salle, on a employé 3 620 carreaux de 3 décimètres carrés de surface. Quelle est, en mètres carrés, la superficie de cette salle, et combien a-t-on payé pour le carrelage, à raison de 2 fr. 40 le mètre carré?

1620. Un tonneau vide pèse 12kil.,80; plein d'eau pure, il pèse 148 kilogr. Quelle est sa contenance en litres?

1621. Un fermier a vendu 28 sacs de blé, contenant chacun 5 doubles décalitres. On demande : 1° combien il a vendu d'hectolitres; 2° le prix de ce blé, à 28 fr. 50 l'hectolitre.

1622. Un marchand a reçu une somme de 400 fr. en pièces de 5 fr. Combien a-t-il reçu de pièces?

1623. Un sac contient 20 fr. en pièces de 5 centimes. Quel est le nombre de ces pièces?

1624. J'ai fait un achat de 25 centimètres de velours à 16 fr. 80 le mètre, et de 3 décimètres de dentelle à 10 fr. 50 le mètre. Je paye avec une pièce de 20 fr. Combien doit-on me rendre?

1625. On a payé 30 fr. pour 6 mètres de drap. Quel est le prix du décimètre?

1626. Un voyageur a parcouru 80 hectomètres en 2 heures. Combien fait-il de kilomètres par heure?

1627. Un faucheur a mis 8 jours pour faucher l'herbe d'un pré de 4 hectares. On demande : 1° combien il fauchait d'ares par jour; 2° combien il gagnait par jour, à raison de 10 centimes de l'are.

1628. Pour daller une église, on a employé des dalles de un demi-mètre carré de surface. La surface dallée étant de 75 mètres carrés, on demande : 1° combien on a employé de dalles; 2° le prix de ces dalles, à 0 fr. 30 le décimètre carré.

1629. Un tas de fumier de 21m. cub.,714 a été transporté en 7 voyages. Combien en emmenait-on de décimètres cubes à chaque voyage, et quel a été le prix du transport, à 2 fr. 50 par chargement?

1630. Une laitière a vendu dans le courant d'une journée : 1° 2 litres et demi de lait; 2° 15 décilitres; 3° 4 doubles litres; 4° 6 doubles décilitres. Quelle est sa recette, à raison de 0 fr. 25 le litre?

1631. Quelles mesures faut-il employer pour mesurer un tas de charbon de 176 litres?

1632. Un meunier a moulu $24^{hect.},60$ de blé dans une journée de 12 heures. Combien en a-t-il moulu par heure?

1633. Un fermier a récolté 15 hectolitres de pommes de terre, qu'il a vendues au boisseau (décalitre), et qui ont produit 187 fr. 50. Combien a-t-il vendu le boisseau?

1634. Quelle est la valeur d'une somme en monnaie d'argent du poids de 28 kilogr.?

1635. Une carafe vide pèse 345 grammes; pleine d'eau pure, elle pèse $1^{kil.},575$. Quelle est sa contenance en litres?

1636. Quelle est la somme en monnaie de bronze qui ferait équilibre à 3 décimètres cubes d'eau pure?

1637. Quels poids faut-il employer pour faire une pesée de $70^{kil.},635^{gr.}$?

1638. La superficie du département de l'Yonne est de 7 428 kilomètres carrés; celle de la Nièvre, de 681 650 hectares; celle du Loiret, de 677 110 hectomètres carrés. Quelle est la superficie totale de ces trois départements?

1639. Un réservoir d'eau, contenant $3^{m. cub.},754$, a été vidé par un robinet en 28 minutes. Combien le robinet laissait-il écouler de litres d'eau par minute?

1640. Une somme, en pièces de 50 centimes, pèse 785 grammes; une autre somme, en pièces de 2 centimes, pèse 642 grammes. Quelle est celle des deux sommes qui contient le plus de pièces, et combien?

1641. On a scié, en planches de $0^{m},04$ d'épaisseur, une pièce de bois épaisse de 8 décimètres et demi. Quel sera le prix des planches obtenues, à 0 fr. 75 l'une?

1642. Un marchand de vin a acheté 16 hectolitres de vin pour 720 fr. Combien doit-il revendre le litre pour gagner 0 fr. 25 par litre?

1643. On a eu $0^{m},75$ de drap pour 11 fr. 10. Que vaut le mètre de ce drap?

1644. Quel est le plus cher de payer 40 centimètres de toile 1 fr. 24, ou de payer 1 fr. 87 pour $0^{m},55$ de cette même toile?

FIN.

TABLE DES MATIÈRES

PREMIÈRE PARTIE

ARITHMÉTIQUE

DEUXIÈME PARTIE

SYSTÈME MÉTRIQUE

PARIS. — IMPRIMERIE Vve P. LAROUSSE ET Cie, RUE NOTRE-DAME-DES-CHAMPS, 49

www.ingramcontent.com/pod-product-compliance
Ingram Content Group UK Ltd.
Pitfield, Milton Keynes, MK11 3LW, UK
UKHW020608180726
13838UKWH00001B/492